JN087546

物理の世界

（新訂）物理の世界（'24）

装丁デザイン：牧野剛士
本文デザイン：畑中　猛

s-62

まえがき

本書は，2024 年度開講の放送大学導入科目「物理の世界」の印刷教材として書かれたものである．本書の内容に沿ったテレビ教材も，同時に提供される．この科目は，これから本格的に物理学を学ぼうとしている方や，そこまではいかなくても物理学の基礎概念を（お話ではなく，きちんと数学を使って）展望したいと希望している方を対象に，導入科目として開講されてきた．本書は，その 8 代目の印刷教材となるが，全面的に書き改められている．現在，放送大学で開講されている物理の科目は，他に，基盤科目「初歩からの物理」，専門科目「力と運動の物理」，同「場と時間空間の物理」，同「量子物理学」がある．「初歩からの物理」では，物理学の基本的な考え方や見方を，数学の使用を極力控えるように工夫して紹介した．この「物理の世界」は，「初歩からの物理」と専門 3 科目を橋渡しする位置にある．そのため，本書の内容は，大学の理系 1，2 年生に広く教えられている物理学の内容を題材にしている．用いる数学の内容も，「初歩からの物理」に比べれば本格化している．

今回の全面改訂の方針として二人の著者が申し合わせたのは，「素粒子物理学，物性物理学，宇宙物理学などといった物理学の諸分野の内容をオムニバス的に紹介するのではなく，物理学全体を通底する基本的な見方・考え方のうち，特に重要なものを厳選してわかりやすく紹介すること」である．逆に，本書の内容を理解して使いこなせるようになれば，これらの諸分野に入門する準備は万端である．

第 1 章から第 3 章（岸根担当）の内容は，いわゆる古典力学である．運動の基本法則とその使い方，エネルギー保存則の導出と物理的意味を述べる．さらに，やや進んだ話題として対称性と保存則，解析力学の初歩を扱う．第 4 章から第 7 章（岸根担当）では，電磁場の古典論を扱う．場を記述する数学的道具（ベクトル解析）から始め，電磁場の基本法則であるマックスウェル方程式の導出を経て，電磁波と相対論の話で結んでいる．第 8 章から第 10 章（清水担当）では，莫大な数の粒子からなるマクロな系を記述する理論である熱力学の基礎を扱う．その基本的な考え方から出発し，あらゆる熱力学的性質を決めるエントロピーを中心に据えて解説する．第 11 章から第 14 章（清水担当）では，量子論の基礎が丁寧に述べられる．量子論の必要性から始め，数学の準備を経て量子論の定式化に進む．そして，古典論の破綻と量子論の本質をあぶりだす「ベルの不等式」の話で締めくくる．最後の第 15 章（岸根・清水担当）では，第 1 章から第 14 章までの内容を踏まえ，本書の次のステップとして物理学の学習がどのように展開していくのか，そしてそれによってどのような展望が開けるかを述べた．

本書によって物理学の基本的な見方・考え方を体得され，さらに進んで専門科目へと進むための「基礎体力」を養っていただければ幸いである．

2023 年 10 月
岸根順一郎
清水　明

目次

まえがき　岸根順一郎，清水明　3

1　力と運動　｜岸根順一郎　9

1.1　実験・観測・数理　9
1.2　質点の運動学　10
1.3　力学の原理　15
1.4　力の起源　19
1.5　運動量保存則　20
1.6　微分方程式としての運動方程式　22

2　力学的エネルギー　｜岸根順一郎　27

2.1　力学的エネルギー保存則　27
2.2　運動エネルギーと仕事　28
2.3　保存力と力学的エネルギー保存則　30
2.4　多粒子系の力学的エネルギー　35
2.5　外力による仕事と力学的エネルギー変化　41
2.6　摩擦と散逸　43

3　古典力学の広がり　｜岸根順一郎　46

3.1　対称性と保存則　46
3.2　角運動方程式　50
3.3　質点系から剛体へ　54
3.4　解析力学入門　58

4 ベクトル場 | 岸根順一郎 68

4.1 場とは何か 68
4.2 ベクトル場の発散と回転 70
4.3 ガウスの定理とストークスの定理 75

5 電場と磁場 | 岸根順一郎 81

5.1 電場と磁場 82
5.2 クーロン電場 87

6 マックスウェル方程式 | 岸根順一郎 95

6.1 電流と磁場 95
6.2 誘導電場 103
6.3 マックスウェル方程式 105

7 光と時空 | 岸根順一郎 113

7.1 電磁波と光 113
7.2 特殊相対性理論 117
7.3 $E = mc^2$ と原子力 124

8 マクロ世界の論理 | 清水 明 126

8.1 ミクロとマクロ 126
8.2 マクロに見る 127
8.3 ミクロ系の物理学の計算不可能性 129
8.4 熱力学の基本原理をめぐる混乱 131
8.5 平衡状態 132
8.6 操作と遷移 135
8.7 熱 136

9 エントロピー | 清水 明 140

9.1 エントロピーの存在 140
9.2 単純系 141
9.3 単純系のエントロピーの性質 142
9.4 複合系のエントロピーの性質 145
9.5 温度 148
9.6 圧力と化学ポテンシャル 150
9.7 状態量 153

10 不可逆性 | 清水 明 155

10.1 平衡状態間の遷移 155
10.2 エントロピー増大則 156
10.3 不可逆性 159
10.4 普遍性と定量性 160
10.5 熱と仕事の変換効率 161
10.6 冷蔵庫や冷暖房機の効率 166
10.7 さらに学びたい読者への指針 170

11 古典論から量子論へ | 清水 明 171

11.1 どこに重点を置くか 171
11.2 古典物理学の限界 172
11.3 古典論の基本的枠組み 177
11.4 量子論の基本的枠組み 179

12 量子論を記述するための数学 | 清水 明 182

12.1 複素数と指数関数 182
12.2 実ベクトル空間 187

12.3 ヒルベルト空間 190
12.4 行列 194

13 量子論の定式化 | 清水 明 197

13.1 量子状態 197
13.2 物理量 198
13.3 固有値と測定値 201
13.4 不確定性原理 203
13.5 状態の重ね合わせと量子干渉効果 206
13.6 時間発展 208

14 ベルの不等式 | 清水 明 212

14.1 遠く離れた2地点での実験 212
14.2 離れた地点での実験データの間の相関 214
14.3 局所性と因果律 216
14.4 局所実在論による記述 217
14.5 ベルの不等式 220
14.6 量子論によるベルの不等式の破れ 221
14.7 ベルの不等式の意義 224

15 物理の世界：この先の展望 | 岸根順一郎 清水 明 227

15.1 古典物理学からの展開 227
15.2 量子論の展開 238
15.3 物理学の4本の支柱 240

索引 244

1 力と運動

岸根順一郎

《目標＆ポイント》 物理学の基礎はニュートン力学にある．ニュートン力学における基本的な法則である運動方程式は，時間に関する微分方程式である．物体の位置と速度に関する初期条件を与えて微分方程式を解くことにより，その後の運動を予測することができる．この章では，ニュートン力学の基本的な考え方について説明する．
《キーワード》 運動学，力学の原理，運動量，運動量保存則，微分方程式

1.1 実験・観測・数理

科学的な知識は，自然現象を漫然と眺めているだけでは増えない．実験と観測を通して得られた結果を数値で表現し，その数値の関係（数理）を通じて普遍的な法則を見つけ出す必要がある．このようにして，実験・観測・数理を組み合わせて法則を見つけ出すプロセスこそが，ガリレオやニュートンらによって確立された近代科学の本質であり，科学的知識を増やすための方法である．

例えばガリレオは，初速度ゼロで斜面を落下し始めた物体の運動を観測した．いわゆるガリレオの斜面の実験である．その結果，運動開始からの時間が 2 倍，3 倍，4 倍 $\cdots$ とのびると，移動距離がそれぞれ 4 倍，9 倍，16 倍，$\cdots$ になることを発見した．この結果は「距離 x は時間 t の 2 乗に比例する」という関数関係としてまとめられる．次の段階は「なぜ 2 乗なのか」という原理の探求である．その答えは，ニュートン

が打ち立てた力学原理によって与えられる.

ここで数値の扱い方について注意しておく. 1 kg と 1 cm を足すことはナンセンスである. これらの量が異なる次元をもつからだ. 一方, 3 cm と 8 m と 10 km は足すことができる. これらは異なる単位をもつが, すべて「長さ」という共通の次元をもつからだ. ただし, 異なる次元をもつ量をかけたり割ったりすることはできる. 例えば速度は距離を時間で割った次元をもつ. 単位としては m/s である[1]. 力学に現れる物理量の次元はすべて, 基本的な 3 種の次元「時間 T」,「距離 L」,「質量 M」を使って $\mathrm{T}^a\mathrm{M}^b\mathrm{L}^c$ の形で与えられる. 例えば速度の次元は LT^{-1}, 加速度の次元は LT^{-2}, 力の次元は MLT^{-2}, エネルギーの次元は $\mathrm{ML}^2\mathrm{T}^{-2}$ である. 物理学では, 次元に敏感になることがとても重要であり, 場合によっては次元の考察から基本法則の不備や改良の指針が得られる. この話題は物理の考え方にある程度慣れてから取り上げるのがよい. 最終章の第 15 章で再び戻ってくることにする.

単位の表記について補足しておく. 現在国際的に通用している考え方は, 物理量とは数値と単位の積として表されるというものである.「この物体の質量 m は 1.5 kg である」というのは, m が kg の 1.5 倍であることを意味する. m 自体が「数値と単位の積」としての物理量を表すので, かつてよく見られた m[kg] というような表記は使うべきでない.

1.2 質点の運動学

(1) 運動学

ニュートン力学の主題は, 物体の運動である. 運動とは時間とともに物体の位置が変化する現象を意味する. そこでまず, 位置の変化を記述するための数学的な概念を整備しよう.

位置は空間の点として表される. 実際の物体は質量だけでなく有限の

---

1) 国際単位系 (SI) では, 長さ, 質量, 時間の単位としてそれぞれメートル (m), キログラム (kg), 秒 (s) を使う (MKS 単位系).

大きさをもつが，位置の変化に焦点を絞るために大きさを捨象し，質量をもつ点を考え，その動きを追跡する．これが質点の概念である．質点のことを単に粒子ともいうのが通例である．質点の位置を記述する数学的な枠組みを，質点の運動学という[2]．

位置の表し方から始めよう．路上での道案内を思い浮かべると，例えば「ここから東へ 200 m 進んだ点」といえば指定した地点を曖昧さなく表現できる．この表し方には 3 つの要素が含まれている．「ここ」は空間の基準点であり，座標原点に対応する．次に「東へ」というのは向きの基準（基底）である．最後に「200 m」は指定された向きに沿う距離（座標成分）である．これら 3 点セット（原点・基底・成分）によって位置が指定できる．

この話を一般化しよう[3]．平面上に原点 O をとり，直交する x 軸，y 軸を描く．そして x 軸，y 軸の正の向きを指定する長さ 1 のベクトル（単位ベクトル）をつくり，それぞれ $\boldsymbol{e}_x$，$\boldsymbol{e}_y$ とする．これらを直交基底という．こうして直交座標系が完成する．これに座標成分 x，y を添えると，位置を指定するベクトル（位置ベクトル）が

$$\boldsymbol{r} = x\boldsymbol{e}_x + y\boldsymbol{e}_y \tag{1.1}$$

と表現できる．x, y をそれぞれベクトル $\boldsymbol{r}$ の x 成分，y 成分と呼ぶ．$\boldsymbol{r}$ の大きさ（長さ）を $|\boldsymbol{r}|$ または r と表す．三平方の定理より $r = \sqrt{x^2 + y^2}$ である．

(2) 瞬間変化のとらえ方（微分）

変化をとらえるうえで最も重要な発想が，有限の時間を「瞬間の蓄積」としてとらえる見方である．瞬間とは，無限に小さいがゼロでな

---

2)　運動学（kinematics）は運動を記述するための数学であり，運動の因果関係（力と運動の関係）を探る問題を力学（dynamics）と呼んで区別する．

3)　ここでは 2 次元平面上の運動の場合を考える．2 次元に慣れておけば，3 次元への拡張は容易である．

い時間間隔のことであり，これを無限小の時間と呼んで dt と書く．そして dt の間の位置の変化（位置の時間での微分）を問題にする．これがニュートン，ライプニッツによって創始された**微分**のアイディアである[4)]．時刻 t での質点の位置ベクトル $\boldsymbol{r}(t)$ と，次の瞬間の位置ベクトル $\boldsymbol{r}(t+dt)$ の関係がわかれば．後は瞬間を積み重ねていくことで運動の全貌（軌道）がわかる．この積み重ねが**積分**である．

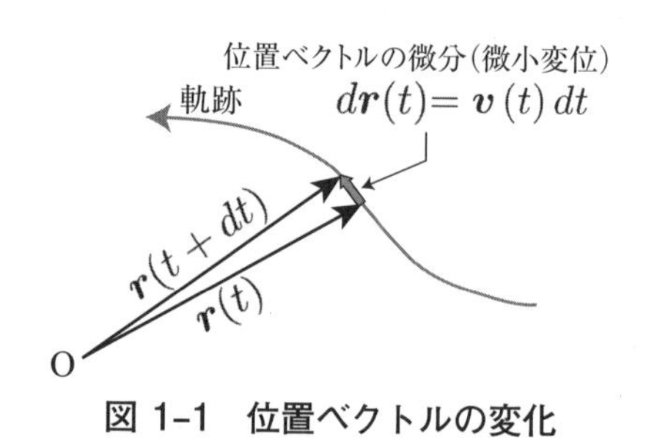

図 1-1　位置ベクトルの変化

微分法の根本は，「無限小時間 dt に比例する（線形な）変化を瞬間変化，つまり微分として取り出す」という発想である．dt の 2 次以上を含む微小変化をすべて無視するのである．式で表せば

$$d\boldsymbol{r}=\boldsymbol{r}(t+dt)-\boldsymbol{r}(t)=\boldsymbol{v}(t)\,dt \tag{1.2}$$

ここに現れた $\boldsymbol{v}(t)$ を時刻 t での瞬間速度という．そして $d\boldsymbol{r}$ が $\boldsymbol{r}$ の微分である[5)]．

dt が小さくなければ，$d\boldsymbol{r}$ が dt に比例する保証はどこにもないことに

4)　瞬間速度の考え方については章末の参考文献 [1] 第 2 章でも詳しく述べてある．

5)　ある量 x の微分（differential）といえば，あくまで dx を意味する．これに対して dx/dt は x の時間変化率であり，これを「x の t による**導関数**」という．そして，特定の t での導関数の値を**微分係数**（または微係数）という．微分係数は，$x(t)$ のグラフの，t での接線の傾きである．これらの違いを正確に言い表しきるのは面倒であり，しばしば dx/dt を「x の t による時間微分」あるいは単に「x の時間微分」ともいう．とにもかくにも微分 dx というのは本来「量 x を微かに分けたものの差 dx」を意味すると理解しておけば間違いない．

注意しよう．例えば x 軸に沿って運動する質点の位置が $x = ct^3$（c は定数）であるとする．このとき，$dx = x(t+dt) - x(t) = c(t+dt)^3 - ct^3 = 3ct^2dt + 3ct(dt)^2 + c(dt)^3$ である．ここで dt の 2 次以上の項を無視すれば $dx = 3ct^2dt$ が得られる．ここに現れた dt の比例係数 $3ct^2$ が「微分係数」であり，これが瞬間速度 $v(t)$ に対応する．(1.2) では，速度 $\boldsymbol{v}(t)$ が微分係数となっている．

(1.2) を使って $d\boldsymbol{r}$ を得るには $\boldsymbol{v}(t)$ の情報が必要である．そこで今度は速度の微分

$$d\boldsymbol{v} = \boldsymbol{v}(t+dt) - \boldsymbol{v}(t) = \boldsymbol{a}(t)\,dt \tag{1.3}$$

を考え，微分係数 $\boldsymbol{a}(t)$ を加速度と呼ぶ．(1.2) の両辺を dt で割れば，速度が位置の瞬間的な変化率（時間微分）として

$$\boldsymbol{v}(t) = \frac{d\boldsymbol{r}}{dt} \tag{1.4}$$

と書ける．同様に，(1.3) より

$$\boldsymbol{a}(t) = \frac{d\boldsymbol{v}}{dt} = \frac{d^2\boldsymbol{r}}{dt^2} \tag{1.5}$$

である．以降，必要がない限り時間依存性を明記せず $\boldsymbol{v}$，$\boldsymbol{a}$ などと表記する．

速度，加速度を直交基底で表すには，(1.1) を時間微分すればよい．基底が時間変化しないことに注意すれば，

$$\boldsymbol{v} = \frac{dx}{dt}\boldsymbol{e}_x + \frac{dy}{dt}\boldsymbol{e}_y = v_x\boldsymbol{e}_x + v_y\boldsymbol{e}_y \tag{1.6}$$

$$\boldsymbol{a} = \frac{dv_x}{dt}\boldsymbol{e}_x + \frac{dv_y}{dt}\boldsymbol{e}_y = \frac{d^2x}{dt^2}\boldsymbol{e}_x + \frac{d^2y}{dt^2}\boldsymbol{e}_y = a_x\boldsymbol{e}_x + a_y\boldsymbol{e}_y \tag{1.7}$$

が得られる．v_x，v_y は速度の成分，a_x，a_y は加速度の成分である．

例 1.1　半径 r の円周上を一定の速さ $v_0 = r\omega$ で運動する質点の位置は

$$\boldsymbol{r} = r\cos(\omega t)\boldsymbol{e}_x + r\sin(\omega t)\boldsymbol{e}_y$$

$(\omega = v_0/r)$ である．速度は

$$\boldsymbol{v} = \frac{d\boldsymbol{r}}{dt} = -r\omega\sin(\omega t)\boldsymbol{e}_x + r\omega\cos(\omega t)\boldsymbol{e}_y$$

である．$\boldsymbol{r}$ との内積は $\boldsymbol{r}\cdot\boldsymbol{v} = 0$ なので，$\boldsymbol{r}$ と $\boldsymbol{v}$ は直交する（$\boldsymbol{v}$ は軌跡の接線方向を向く）．さらに

$$\boldsymbol{a} = \frac{d\boldsymbol{v}}{dt} = -\omega^2\left\{r\cos(\omega t)\boldsymbol{e}_x + r\sin(\omega t)\boldsymbol{e}_y\right\} = -\omega^2\boldsymbol{r}$$

より加速度 $\boldsymbol{a}$ は $\boldsymbol{r}$ の逆向きである．こうして，円周上を運動する質点は，速さ（スピード）が一定であったとしても向きが変わるので加速度をもち，その加速度は円の中心を向くことがわかる．この中心向きの加速度を向心加速度と呼ぶ．加速度の大きさは $a = r\omega^2 = v_0^2/r$ である．

ここで基本問題をひとつ．車で曲線道路を（安全に）曲がっているとき，加速度が生じている．この加速度を生み出している力は何か？答えは静止摩擦力である．動いているから動摩擦だなどといってはいけない．動摩擦が働いているとすれば，車がスリップしていることになる！

（3） 瞬間変化の積算（積分）

時刻 0 から t までの位置の変化は，$0 \leqq t' \leqq t$ として (1.2) における $\boldsymbol{v}(t')dt'$ を積み上げていくことで得られる．時間を無限小時間 dt ずつ積み上げるのである．この操作が積分であり，

$$\int_0^t \boldsymbol{v}(t')dt' \tag{1.8}$$

と表される．時刻 $t = 0$ での粒子の位置が $\boldsymbol{r}(0)$ なら，

$$\boldsymbol{r}(t) = \boldsymbol{r}(0) + \int_0^t \boldsymbol{v}(t')dt' \tag{1.9}$$

となる．同様に，加速度から速度を得るには

$$\boldsymbol{v}(t) = \boldsymbol{v}(0) + \int_0^t \boldsymbol{a}(t')dt' \tag{1.10}$$

を計算すればよい．次節でみるように運動方程式から加速度が決まり，さらに時刻 $t = 0$ での位置（初期位置）$\boldsymbol{r}(0)$ と速度（初速度）$\boldsymbol{v}(0)$ の情報のセット（初期条件）が与えられると質点の運動は完全に決定できる．こうして，決定論的な枠組みとしてのニュートン力学という見方ができあがる．

1.3　力学の原理

運動の記述方法がわかったので，次に何が運動を引き起こすかという基本法則，つまり力学原理の問題に移る．そもそも「運動を引き起こす」とはどういうことか？ これに対して「運動量の変化こそが本質だ」と答えたのがニュートンである．力学原理は，ニュートンによって『自然哲学の数学的原理（プリンキピア）』で示された[6)]．内容をまとめると次のようになる．

・第 **1** 法則（慣性の法則）：力が加わらない限り，物体は静止あるいは等速直線運動の状態を続ける．そしてこの事実が保証される系（慣性系）が存在する．

・第 **2** 法則（運動方程式）：物体に力 $\boldsymbol{f}$ が加わると，運動量

6)　初版刊行は 1687 年であり，改訂された第 2 版は 1713 年，第 3 版は 1726 年に刊行されている．

$$\boldsymbol{p} = m\boldsymbol{v} \tag{1.11}$$

が変化する．そして運動量の変化率は運動方程式

$$\frac{d\boldsymbol{p}}{dt} = \boldsymbol{f} \tag{1.12}$$

で与えられる[7]．

・第 **3** 法則（作用・反作用の法則）：物体 **2** が物体 **1** に及ぼす力を $\boldsymbol{f}_{1\leftarrow 2}$，物体 **1** が物体 **2** に及ぼす力を $\boldsymbol{f}_{2\leftarrow 1}$ とすると

$$\boldsymbol{f}_{1\leftarrow 2} = -\boldsymbol{f}_{2\leftarrow 1} \tag{1.13}$$

が成り立つ．つまり，**2** 物体間の力は対等な相互作用として働く．この法則は，物質の根源的要素である素粒子間の基本的相互作用[8]がもつ性質の反映とみなされる．

質量 m が変化しない場合，

$$\frac{d\boldsymbol{p}}{dt} = \frac{d(m\boldsymbol{v})}{dt} = m\frac{d\boldsymbol{v}}{dt} = m\frac{d^2\boldsymbol{r}}{dt^2} = m\boldsymbol{a} \tag{1.14}$$

となるので運動方程式 (1.12) は

$$m\boldsymbol{a} = \boldsymbol{f} \tag{1.15}$$

と書ける．ニュートンの運動方程式というとこの形を思い浮かべる読者が多いだろう．

実は，プリンキピアには (1.12) も (1.15) も現れていない．運動の第 2 法則として，ニュートンは「運動量変化が力に比例する」としか述べていない．この意味では，プリンキピアにおける運動方程式を素直に表現する式は，運動量の微分を与える次の式

---

7)　運動量という「運動の基本量」を見出し，その変化を引き起こす原因としての力をはっきり認識した点がニュートン最大の功績である．

8)　重力，電磁力，弱い相互作用，強い相互作用がある．

$$dp = f dt \tag{1.16}$$

である．右辺の量 $\boldsymbol{f}dt$ は，微小時間での**力積**と呼ばれる．有限の時間幅（t_1 から t_2）についてこれを積分すれば

$$\text{運動量変化：} \boldsymbol{p}(t_2) - \boldsymbol{p}(t_1) = \int_{t_1}^{t_2} \boldsymbol{f} dt \equiv \boldsymbol{I} \ (\text{力積}) \tag{1.17}$$

が得られる．運動量変化は，質点に与えられた力積に等しいということである．この式の右辺は，時々刻々の力の時間変化の情報が積算された結果である．衝突現象のように，短時間に複雑な力が作用して起こる現象では，この関係式が大いに役立つ．

ところでニュートンは，プリンキピア第 2 版の最後に「Hypothesis non fingo（私は仮説を作らない）」という言葉を付け加えた．ニュートンが明らかにしたのは「力と運動の因果関係」であって，「力とは何か」について云々しているわけではないのである．ニュートンはこの点をはっきりと宣言したわけである．これは，ガリレオが敷いた近代科学のレールをより強固に具体化した態度であるといえる．ギリシャ哲学が志向した「本質の追及」という呪縛から解放され，「因果関係の記述」という近代科学の方法論が明言されたのである．科学史的な観点では，この点こそがニュートンの発見の真骨頂だといえるだろう．

例 1.2　(1.17) が役立つ面白い例として，滑らかな水平面 xy 面上を滑っているブロックが，荒い壁に衝突して跳ね返る現象を考えよう（図 1–2）．ブロックが壁と接触しているきわめて短時間の間に受ける力は $\boldsymbol{f} = -\mu' N(t)\, \boldsymbol{e}_x + N(t)\, \boldsymbol{e}_y$ と書ける．$N(t)$ は壁からの垂直抗力，$\mu' N(t)$ は動摩擦力である[9]．すると衝突前後の運動量変化 $\Delta \boldsymbol{p} = \boldsymbol{p}(t_2) - \boldsymbol{p}(t_1)$ は

9）乾いた水平面上を滑る物体（質量 m）に作用する動摩擦力の大きさは，速度の大きさにはよらず垂直抗力 N に比例して $\mu' N$ と書ける．μ' は動摩擦係数である．

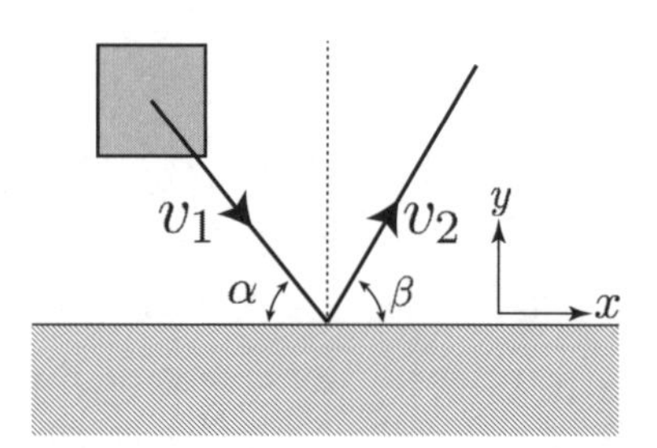

図 1–2　摩擦のある面との衝突

$$\Delta \boldsymbol{p} = \Delta p_x \boldsymbol{e}_x + \Delta p_y \boldsymbol{e}_y = -\mu' I \boldsymbol{e}_x + I \boldsymbol{e}_y \tag{1.18}$$

となる．ここで

$$I = \int_{t_1}^{t_2} N(t)dt$$

は垂直抗力の力積である．これより直ちに，$\Delta p_x = -\mu' \Delta p_y$ であることがわかる．一方，図 1–2 を参照して $\Delta \boldsymbol{p}$ を成分に分けて書けば

$$\begin{cases} \Delta p_x = mv_2 \cos\beta - mv_1 \cos\alpha \\ \Delta p_y = mv_2 \sin\beta - (-mv_1 \sin\alpha) \end{cases} \tag{1.19}$$

である．壁に垂直な方向の衝突は弾性衝突だとすると，速度の y 成分は変化しない．これより $v_1 \sin\alpha = v_2 \sin\beta$ がいえる．これを (1.19) に代入して整理すると，入射角と反射角の間の関係として

$$\tan\beta = \frac{\tan\alpha}{1 - 2\mu' \tan\alpha} \tag{1.20}$$

が得られる．壁との摩擦がない（$\mu' = 0$）場合は $\beta = \alpha$ となる．動摩擦係数が大きくなって $\mu' = 1/(2\tan\alpha)$ に達すると $\tan\beta$ が無限大，つまり $\beta = 90^\circ$ となり，ブロックは壁から垂直に跳ね返されることになる．このように，$N(t)$ の具体的な時間変化についての情報

がなくとも，衝突前後の状態を結ぶことができるのが (1.17) のご利益である．

1.4　力の起源

20 世紀前半に，原子はさらに電子と原子核からなり，原子核は陽子と中性子から構成されていることが明らかになった．電子はそれ以上分割できない基本粒子（素粒子）であるが，陽子と中性子はさらにクォークと呼ばれる基本粒子 3 個からなる複合粒子である．ここに登場した基本粒子はすべて，生まれながらにして質量および正負の電荷という属性をもっている．物質はすべてこれらの基本粒子からできているので，物質全体も質量や電荷をもつことになる．

質量と電荷という属性が引き起こす最も重要な働きが，質量 m_1 と質量 m_2，電荷 q_1 と電荷 q_2 の間に相互作用が生じることである．質量と質量の間の相互作用が**重力**（**万有引力**），電荷と電荷の間の相互作用が**静電気力**（**クーロン力**）である．重力と静電気力の大きさはそれぞれ

$$\text{重力}：G\frac{m_1 m_2}{r^2} \tag{1.21}$$

$$(\text{万有引力定数 } G = 6.6743 \times 10^{-11}\,\mathrm{m^3 \cdot kg^{-1} \cdot s^{-2}})$$

$$\text{静電気力}：k\frac{q_1 q_2}{r^2} \tag{1.22}$$

$$(\text{クーロン定数 } k = 8.98755 \times 10^{9}\,\mathrm{kg \cdot m^3 \cdot s^{-4} \cdot A^{-2}})$$

である．ともに距離 r の 2 乗に反比例し，到達距離は無限大である[10]．重力と静電気力は，到達距離が無限大であるゆえに私たちの日常スケール（マクロな世界）で重要になる．

ばねの復元力，糸の張力，垂直抗力や摩擦力といったいわゆる現象論

10）「到達距離が無限大」とは，無限の彼方まで力がダラダラと尾を引いて伝わることを意味する．これに対し弱い相互作用，強い相互作用はそれぞれ 10^{-18}m，10^{-15}m 程度の短距離で指数関数的に減衰する．

的な力はすべて，原子・分子のレベルで正負の電荷間に働く静電気力が重なり，マクロに発現したものである．

ちなみに真空中の光速 $c = 299792458\ \mathrm{m \cdot s^{-1}}$ を 2 乗すると $c^2 = 8.98755 \times 10^{16}\ \mathrm{m^2 \cdot s^{-2}}$ となって，クーロン定数とぴったり同じ数値が 7 桁違いで現れる．これはクーロン力と光が結びついていることを示唆している．実際，マックスウェルが明らかにしたように，光は電磁気学的な現象である（5.2 および 7.1 節参照）．

基本的相互作用としては，他に強い相互作用（核力）と弱い相互作用とがある．強い相互作用の到達距離は陽子・中性子の大きさ程度（約 $10^{-15}\,\mathrm{m}$）である．弱い相互作用の到達距離はさらに小さく，クォークの大きさ程度（約 $10^{-18}\,\mathrm{m}$）である．

1.5　運動量保存則

基本的相互作用はすべて作用反作用の法則を満たす．作用反作用の法則から，相互作用する粒子の運動における**運動量保存則**が導かれる．運動量保存則は作用反作用の法則の直接的な反映である．運動量保存則が破れるプロセスは自然界に存在しない．運動量保存則は物理学における最も根源的な法則とみなされる．では，運動方程式と作用反作用の法則から，運動量保存則がどのように導かれるのだろう．

相互作用する粒子 1，2 の運動量をそれぞれ $\boldsymbol{p}_1$，$\boldsymbol{p}_2$ とすれば，個々の運動方程式は

$$\frac{d\boldsymbol{p}_1}{dt} = \boldsymbol{f}_{1\leftarrow 2}, \quad \frac{d\boldsymbol{p}_2}{dt} = \boldsymbol{f}_{2\leftarrow 1} \tag{1.23}$$

となる[11)]．辺々を足し合わせ，作用反作用の法則 (1.13) を使うと

$$\frac{d}{dt}(\boldsymbol{p}_1 + \boldsymbol{p}_2) = 0 \tag{1.24}$$

11）このように，運動方程式は個々の質点について別々に書き下さなくてはならない．

が得られる[12]．ここでは「粒子 1 +粒子 2」をひとまとまりの閉じたシステムとみなし，相互作用はその内部で作用する内力とみなしている．システムの外側からの力は外力と呼ばれる．ここでの結論は，外力を受けずに相互作用する 2 粒子の運動量の和 $\boldsymbol{p}_1 + \boldsymbol{p}_2$ は時間によらず一定に保たれるということである．ここで，個々の粒子の運動量は目まぐるしく変化することに注意しよう．力が作用すれば運動量は変化するのだ．しかし，相互作用するペアをひとまとまりにすると，その運動量の和は必ず保存されるのである．

質点 1，2 の質量を m_1，m_2，位置を $\boldsymbol{r}_1$，$\boldsymbol{r}_2$ 速度を $\boldsymbol{v}_1$，$\boldsymbol{v}_2$ とすると，重心は

$$\boldsymbol{R} = \frac{m_1 \boldsymbol{r}_1 + m_2 \boldsymbol{r}_2}{M} \quad (M = m_1 + m_2 \text{ は全質量}) \tag{1.25}$$

重心速度は

$$\boldsymbol{V} = \frac{d\boldsymbol{R}}{dt} = \frac{m_1 \boldsymbol{v}_1 + m_2 \boldsymbol{v}_2}{M} = \frac{\boldsymbol{p}_1 + \boldsymbol{p}_2}{M} \tag{1.26}$$

で定義される．運動量保存則 (1.24) は，外力を受けない 2 物体の重心速度が一定に保たれることを意味する．

例 1.3　質量が m_1, m_2 の 2 つの粒子が引力（例えば万有引力）によって相互作用しながら運動している．2 粒子の重心は静止している．$m_2 = m_1/2$ のとき，図 1–3 に 2 粒子の軌跡の一例を示す．

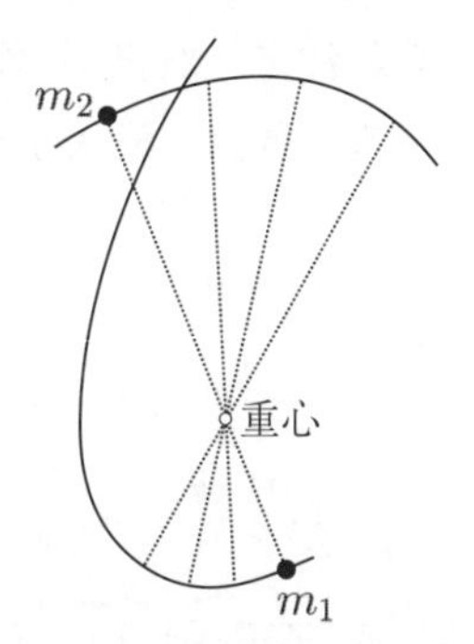

図 1–3　引力相互作用する 2 粒子の運動の例

12）　この議論は，相互作用する 3 個以上の質点についても容易に拡張できる．

1.6 微分方程式としての運動方程式

運動方程式 (1.12) は，位置 $\boldsymbol{r}$ の 2 階微分を含む微分方程式である．基準となる時刻（ふつう $t=0$）での位置と速度が与えられると，この方程式を満たす $\boldsymbol{r}$ の時間変化を完全に決定することができる．これはニュートン力学が予言能力をもつことを意味している．日食や月食，彗星の回帰などを正確に予言できるのはこのためである[13)]．

かくして物体の運動を決定する物理の問題は，微分方程式を解くという数学の問題に置き換わる．今日，社会現象まで含めた多様な現象を微分方程式によってモデル化する方法はきわめて強力で，一般性のある見方として確立している．運動方程式は，微分方程式の形で表された自然法則として最初のものであり，近現代的な数理科学の原点といえる．

尤も，ニュートンがプリンキピアで使ったのはきわめて技巧的な幾何学処方であり，万人が使える方法とはいい難いものだった．運動方程式を微分方程式という数学のレールに乗せ，その解法を標準化したのはオイラーを筆頭とする大陸の数学者たちである．

例 1.4　一定の力 F（例えば地表の重力）を受けて x 軸の正方向へ直線運動する質量 m の粒子を考える．初期位置を x_0，初速度を v_0 とする．運動方程式から出発すると

$$ma = F \Longrightarrow \ a = F/m \quad (\text{一定}) \tag{1.27}$$

$$\Longrightarrow \ v(t) = v_0 + \int_0^t a dt' = v_0 + at \tag{1.28}$$

13）ただし，これらの予言の正確さが，天体の運動をひとつの質点の運動として扱える限りにおいてのみ保証されることに注意されたい．より複雑な系における力学的予言の不確実さは，第 8 章以降の熱力学や，第 11 章以降での量子論において積極的な意味をもって再検討される．

$$\Longrightarrow\ x(t) = x_0 + \int_0^t v(t')dt' = x_0 + v_0 t + \frac{1}{2}at^2 \tag{1.29}$$

が得られる．初速度ゼロなら移動距離は t^2 に比例する．これがガリレオが斜面の実験で得た結果に他ならない．

例 1.5　地表において，水平面からの角 θ_0，速さ v_0 で質量 m の粒子を打ち出す．水平面内に x 軸，鉛直上向きに y 軸をとる．地表の重力加速度の大きさを g（一定）とする．運動方程式から出発すると

$$m\boldsymbol{a} = -mg\boldsymbol{e}_y \Longrightarrow \begin{cases} a_x = 0 \\ a_y = -g \end{cases} \tag{1.30}$$

$$\Longrightarrow \begin{cases} v_x = v_0 \cos\theta_0 \\ v_y = v_0 \sin\theta_0 - \displaystyle\int_0^t g dt' = v_0 \sin\theta_0 - gt \end{cases} \tag{1.31}$$

$$\Longrightarrow \begin{cases} x = (v_0 \cos\theta_0)t \\ y = \displaystyle\int_0^t v_y(t')dt' = (v_0 \sin\theta_0)t - \frac{1}{2}gt^2 \end{cases} \tag{1.32}$$

t を消去すると，軌跡の方程式として

$$y = -\frac{g}{2v_0^2 \cos^2\theta_0}x^2 + (\tan\theta_0)x \tag{1.33}$$

が得られる．これがいわゆる放物運動である．

例 1.6　水平面上に物体（質量 m）を置き，これに初速度 v_0（運動量 $p_0 = mv_0$）を与えて x 軸上を運動させる．空気中を比較的緩やかに運動する物体には，速度に比例する抵抗力（粘性抵抗）$-bv$ が働く．

運動方程式は

$$m\frac{dv}{dt} = -bv \tag{1.34}$$

という v についての 1 階微分方程式になる．次にこの両辺に dt をかけると v と t を左辺と右辺に分離できる[14)]：

$$\frac{dv}{v} = -\frac{b}{m}dt \tag{1.35}$$

両辺を積分すると

$$\int \frac{dv}{v} = -\frac{b}{m}\int_0^t dt' \Longrightarrow \log|v| = -\frac{b}{m}t + C \quad (C \text{ は積分定数})^{15)} \tag{1.36}$$

さらに $D = e^C$ と置けば，$v = De^{-\frac{b}{m}t}$ が得られる．未定の定数 D は初期条件で決まる．時刻 $t = 0$ で $v(0) = v_0$ なので，$D = v_0$ である．こうして

$$v(t) = v_0 e^{-\frac{b}{m}t} \tag{1.37}$$

が求められる．さらにこれを積分すると位置の時間変化が

$$x(t) = \int_0^t v_0 e^{-\frac{b}{m}t'}dt' = \frac{mv_0}{b}\left(1 - e^{-\frac{b}{m}t}\right) \tag{1.38}$$

と定まる．こうして，空気抵抗を受けた物体の水平運動が解けたことになる．

十分時間が経つ（つまり $t \to \infty$）と物体は静止する．静止するまでに進む距離 $L = mv_0/b$ と物体が失う運動量 mv_0 の間には $mv_0 = bL$ という単純な比例関係が成り立つ．この事実はニュートンがプリンキピア第二巻の「抵抗のある媒質中における物体の運動」で指摘している．

---

14)　このタイプの微分方程式を**変数分離型**という．

15)　積分公式 $\int \frac{dv}{v} = \log|v| + C$（$C$ は積分定数）であるが，今の場合 v の向きは常に正なので絶対値は不要である．

例 1.7　単振動[16] に対する粘性抵抗の効果を考えよう．つりあいの位置を原点にとり，変位を x とする．粘性抵抗を $-2m\gamma v$ の形に書いておく．γ は正の定数であり，因子 2 は便宜上つけた．運動方程式は

$$m\frac{d^2x}{dt^2} = -m\omega^2 x - 2\gamma\frac{dx}{dt} \tag{1.39}$$

という x についての 2 階微分方程式になる．ω はばねの固有振動数で，ばね定数は $k = m\omega^2$ である．

2 階微分方程式は 2 つの独立解をもち，一般解はこれらの線形結合で表される．(1.39) の解を探すため，$x = e^{\lambda t}$ と置けば，λ の 2 次方程式 $\lambda^2 + 2\gamma\lambda + \omega^2 = 0$ が得られる．判別式 $D/4 = \gamma^2 - \omega^2$ の正負によって解の様相が変わる．

特に重要な場合として，$D < 0$ つまり $\gamma < \omega$ である場合を考えよう．これは，ばねの力に対して抵抗力が弱い場合に相当する．このとき，$\Omega \equiv \sqrt{\omega^2 - \gamma^2}$ と置けば $\lambda = -\gamma \pm i\,\Omega$ となる．これより (1.39) の一般解は $x = e^{-\gamma t}\left(c_1 e^{i\Omega t} + c_2 e^{i\Omega t}\right)$ と書くことができる．「指数関数の肩に虚数単位 i が現れた」ということは，オイラーの関係式[17]

$$e^{i\Omega t} = \cos(\Omega t) + i\sin(\Omega t) \tag{1.40}$$

より「振動が起きる」ことを意味する．一般解は

$$x(t) = e^{-\gamma t}\left\{A\cos(\Omega t) + B\sin(\Omega t)\right\} \tag{1.41}$$

の形に書ける (係数 A, B と係数 c_1, c_2 の間の関係は？).

因子 $e^{-\gamma t}$ は時間とともに減衰する因子（減衰因子）である．この因子のため，単振動の振幅が時間とともに減衰していく運動が起きる．これが減衰振動である．初期条件として時刻 $t = 0$ での位置 x_0

16)　章末の参考文献 [1] 2.3 節を参照.

17)　本書の 12.1 節を参照.

と速度 v_0 を与えると，(1.41) は具体的に

$$x(t) = e^{-\gamma t}\left\{x_0 \cos(\Omega t) + \left(\frac{\gamma x_0 + v_0}{\Omega}\right)\sin(\Omega t)\right\} \tag{1.42}$$

となる．抵抗がない（$\gamma = 0$ である）場合は，もちろん基本的な単振動の解

$$x(t) = x_0 \cos(\omega t) + \frac{v_0}{\omega}\sin(\omega t) \tag{1.43}$$

に帰着する．減衰振動の周期は $T = 2\pi/\sqrt{\omega^2 - \gamma^2}$ であり，単振動の周期 $T_0 = 2\pi/\omega$ より長くなる．

参考文献

[1] 岸根順一郎・松井哲男『初歩からの物理』（放送大学教育振興会，2022 年）

2 力学的エネルギー

岸根順一郎

《目標＆ポイント》 物体が目まぐるしく動いているとき，背後に変化しない量が潜んでいることがある．物理学では，このような量を「保存量」と呼ぶ．前章で紹介した位置変化の見方は微分的（瞬間を追う）だったが，保存量の考え方は積分的（全体をとらえる）である．特に基本的な保存量が力学的エネルギーである．この章では，力学的エネルギーを見つける方法と使い方について説明する．
《キーワード》 力学的エネルギー，仕事率，仕事，保存力，摩擦，散逸

2.1 力学的エネルギー保存則

力学には2つの視点がある．ひとつは，時間とともに個々の粒子の運動を追跡するミクロで決定論的な視点で，これは微分的な見方である．もうひとつは，複数の粒子からなる系全体の状態をマクロな視点でとらえ，保存量に着目する見方である．これは積分的な見方だ．個々の粒子の位置や速度が複雑に変化しても，全体として時間変化しない量に注目するので，保存量はミクロな情報のマクロな現れといえる．

力学的エネルギーは，膨大な数の粒子（例えば原子）からなる系（例えば身の回りの物質）の変化をとらえるうえで特に重要な役割を果たす．エネルギー保存則の考え方が確立するのはニュートン力学建設から150年以上を経た19世紀中頃である．力学的エネルギーの概念を正しく理解するには，運動エネルギー，仕事，保存力，力学的エネルギー保存則，相互作用ポテンシャル，摩擦，散逸などの概念を順に理解する必

要がある．こうして，「宇宙全体の力学的エネルギーは保存する」という結論に到達する．出発点として，エネルギー保存則と運動方程式の関係を考える必要がある．物理学では，微分的な見方と積分的な見方の両面で自然現象をとらえることが重要である．運動方程式という微分型の法則と，力学的エネルギー保存則という積分型の法則の関係は，これら2つの見方の結びつきを示す典型例である．その内容を追ってみよう．

2.2　運動エネルギーと仕事

運動方程式

$$m\frac{d\boldsymbol{v}}{dt} = \boldsymbol{f} \tag{2.1}$$

の両辺と $\boldsymbol{v}$ との内積をとり，

$$m\boldsymbol{v}\cdot\frac{d\boldsymbol{v}}{dt} = \boldsymbol{f}\cdot\boldsymbol{v} \tag{2.2}$$

という式を作る．左辺が

$$\begin{aligned}\boldsymbol{v}\cdot\frac{d\boldsymbol{v}}{dt} &= v_x\frac{dv_x}{dt} + v_y\frac{dv_y}{dt} + v_z\frac{dv_z}{dt}\\ &= \frac{1}{2}\frac{d}{dt}\left(v_x^2 + v_y^2 + v_z^2\right) = \frac{d}{dt}\left(\frac{1}{2}\boldsymbol{v}^2\right)\end{aligned} \tag{2.3}$$

と書き直せることに注意する．これより，運動方程式 (2.1) から直接以下の事実が導けることがわかる．

運動エネルギー

$$K = \frac{1}{2}m\boldsymbol{v}^2 \tag{2.4}$$

の時間変化率は

$$\frac{dK}{dt} = P \tag{2.5}$$

で与えられる．ここで

$$P = \boldsymbol{f} \cdot \boldsymbol{v} \tag{2.6}$$

は仕事率である．つまり運動エネルギーの時間変化率は仕事率に等しい

仕事率の次元は $\mathrm{L^2MT^{-3}}$ で，単位は W（Watt）である．

次に (2.5) の両辺を任意の時刻 t_1 から t_2 間で積分すると

$$K_2 - K_1 = \int_{t_1}^{t_2} \boldsymbol{f} \cdot \boldsymbol{v}\, dt \tag{2.7}$$

となる．K_1，K_2 はそれぞれ時刻 t_1，t_2 での運動エネルギーである．右辺に関しては $\boldsymbol{v} = \dfrac{d\boldsymbol{r}}{dt}$ なので，時間積分を位置についての積分

$$\int_{t_1}^{t_2} \boldsymbol{f} \cdot \boldsymbol{v} dt = \int_{t_1}^{t_2} \boldsymbol{f} \cdot \frac{d\boldsymbol{r}}{dt} dt = \int_{\boldsymbol{r}_1}^{\boldsymbol{r}_2} \boldsymbol{f} \cdot d\boldsymbol{r} \tag{2.8}$$

に書きなおすことができる．$\boldsymbol{r}_1$，$\boldsymbol{r}_2$ はそれぞれ，時刻 t_1，t_2 での位置である．右辺に現れた量

$$W = \int_{\boldsymbol{r}_1}^{\boldsymbol{r}_2} \boldsymbol{f} \cdot d\boldsymbol{r} \tag{2.9}$$

を仕事と呼ぶ．ここで，$\displaystyle\int_{\boldsymbol{r}_1}^{\boldsymbol{r}_2} \boldsymbol{f} \cdot d\boldsymbol{r}$ という新しい積分が現れた．これは始点 $\boldsymbol{r}_1$ から終点 $\boldsymbol{r}_2$ に至る経路に沿って微小な仕事 $\boldsymbol{f} \cdot d\boldsymbol{r}$ を積み上げた量である．以上より，次の重要な結論が得られる．

運動エネルギー変化はその間になされた仕事に等しい：

$$K_2 - K_1 = W \tag{2.10}$$

例 **2.1**

仕事率 P が一定となるような力を受けて 1 次元運動する物体がある．物体の初速度はゼロである．このとき，速度 v を移動距離 x で表そう．仕事率一定なので

$$\frac{d}{dt}\left(\frac{1}{2}mv^2\right) = P \Longrightarrow \frac{1}{2}mv^2 = Pt \Longrightarrow v(t) = \sqrt{\frac{2P}{m}t} \tag{2.11}$$

これを積分して

$$x = \int_0^t v(t')dt' = \frac{2}{3}\sqrt{\frac{2P}{m}t^3} = \frac{m}{3P}v^3 \Longrightarrow v = \left(\frac{3P}{m}x\right)^{1/3} \tag{2.12}$$

が得られる．

2.3 保存力と力学的エネルギー保存則

（1） 数学の準備：全微分

少し数学の準備をする．位置だけで決まるスカラー量 $V(\boldsymbol{r})$ を考えよう．これをスカラー量の空間分布とみて，スカラー場と呼ぶこともできる．次に，ある点 $\boldsymbol{r}$ から微小変位だけ離れた点 $\boldsymbol{r} + d\boldsymbol{r}$ での V の差

$$dV = V(\boldsymbol{r} + d\boldsymbol{r}) - V(\boldsymbol{r}) \tag{2.13}$$

を考え，これを V の全微分と呼ぶ．2 次元の場合を議論しておけば 3 次元への拡張は容易なので，ここでは 2 次元ですませよう．すると $V(\boldsymbol{r}) = V(x, y)$ である．したがって，

$$dV = V(x + dx, y + dy) - V(x, y) = c_1 dx + c_2 dy \tag{2.14}$$

である．ここで dx，dy は無限小の変位（位置座標のずれ）で，これらについて 2 次以上の項は無視する．これは，$z = V(x, y)$ で決まる曲面を，(x, y) の近傍で，平面（接平面）で近似することに対応する式である．1 変数の微分では曲線を直線（接線）で近似したが，2 変数の場合は曲面を平面で近似するわけである．

係数 c_1，c_2 を決めるにはどうすればよいだろう．まず，y を固定して x だけずらす．このとき $dy = 0$ だから

$$V(x + dx, y) - V(x, y) = c_1 dx \tag{2.15}$$

である．これは x についての微分の定義式に他ならない．そこで $c_1 = \partial V/\partial x$ と書く．$\partial V/\partial x$ は「y を固定した場合の x での導関数」を意味し，これを偏導関数と呼ぶ．同様に，$c_2 = \partial V/\partial y$ である．3 次元の場合に拡張したうえでこの結果をまとめると，

$$dV = \frac{\partial V}{\partial x}dx + \frac{\partial V}{\partial y}dy + \frac{\partial V}{\partial z}dz \tag{2.16}$$

となる．これが V の全微分の定義式である．

ここで，

$$\boldsymbol{\nabla} V = \left(\frac{\partial V}{\partial x}, \frac{\partial V}{\partial y}, \frac{\partial V}{\partial z}\right) \tag{2.17}$$

というベクトルを導入しよう．$\boldsymbol{\nabla}$ はナブラ記号と呼ばれ，$\boldsymbol{\nabla} V$ をスカラー場 V の勾配と呼ぶ．また $d\boldsymbol{r} = (dx, dy, dz)$ だから，(2.16) の右辺を $d\boldsymbol{r}$ と $\boldsymbol{\nabla} V$ の内積として $d\boldsymbol{r} \cdot \boldsymbol{\nabla} V$ と書くことができる．つまり

$V(\boldsymbol{r})$ の全微分は

$$dV = d\boldsymbol{r} \cdot \boldsymbol{\nabla} V \tag{2.18}$$

と書ける.

この式は，V の全微分と勾配を結びつけるきわめて基本的な式であり，力学だけでなく電磁気学や熱力学でも重要な役割を果たす.

(2) 保存力

以上で保存力を定義する準備が整った.

力 $\boldsymbol{f}(\boldsymbol{r})$ が，$V(\boldsymbol{r})$ を使って

$$\boldsymbol{f}(\boldsymbol{r}) = -\boldsymbol{\nabla} V(\boldsymbol{r}) \tag{2.19}$$

と書けるとき，$V(\boldsymbol{r})$ をポテンシャルあるいは位置エネルギーと呼ぶ．また，このようにポテンシャルの勾配（にマイナスをつけたもの）として書ける力を保存力という.

ここからが重要である．保存力の場合，

$$\boldsymbol{f} \cdot d\boldsymbol{r} = -d\boldsymbol{r} \cdot \boldsymbol{\nabla} V = -dV \tag{2.20}$$

が成り立つため，$\boldsymbol{f}(\boldsymbol{r}) \cdot d\boldsymbol{r}$ の積分は始点 $\boldsymbol{r}_1$ と終点 $\boldsymbol{r}_2$ だけで決まる．つまり

$$W = \int_{\boldsymbol{r}_1}^{\boldsymbol{r}_2} \boldsymbol{f} \cdot d\boldsymbol{r} = -\int_{V(\boldsymbol{r}_1)}^{V(\boldsymbol{r}_2)} dV = -V(\boldsymbol{r}_2) + V(\boldsymbol{r}_1) \tag{2.21}$$

となる．これは，保存力のする仕事は経路によらないことを意味してい

る．例えば，重力がする仕事は経路によらない．

(3) 力学的エネルギー保存則

(2.5) の右辺に (2.19) を適用すれば

$$\frac{dK}{dt} = -\boldsymbol{v} \cdot \boldsymbol{\nabla} V \tag{2.22}$$

であるが，$\boldsymbol{v} = d\boldsymbol{r}/dt$ より

$$\frac{dK}{dt} = -\frac{d\boldsymbol{r}}{dt} \cdot \boldsymbol{\nabla} V \tag{2.23}$$

両辺の dt を払えば

$$dK = -d\boldsymbol{r} \cdot \boldsymbol{\nabla} V \underset{(2.18)}{=\!=\!=} -dV \tag{2.24}$$

が得られる．これより，$d(K + V) = 0$ つまり $K + V$ は一定であることがわかる．まとめると次のようになる[1)]．つまり

保存力による運動では，

$$\frac{1}{2}m\boldsymbol{v}^2 + V(\boldsymbol{r}) = E \quad (一定) \tag{2.25}$$

が成り立つ．

これを力学的エネルギー保存則という．力学的エネルギー保存則は，物理学における最も基本的な法則のひとつである．ここでいう「基本的」の意味については，次節で詳しく述べる．

---

1)　あるいは次のように理解してもよい．$V = V(\boldsymbol{r}(t)) = V(x(t), y(t), z(t))$ を t で微分すると $\frac{dV}{dt} = \frac{\partial V}{\partial x}\frac{dx}{dt} + \frac{\partial V}{\partial y}\frac{dy}{dt} + \frac{\partial V}{\partial z}\frac{dz}{dt} = \frac{d\boldsymbol{r}}{dt} \cdot \boldsymbol{\nabla} V = \boldsymbol{v} \cdot \boldsymbol{\nabla} V$ だから，$\frac{dK}{dt} = -\boldsymbol{v} \cdot \boldsymbol{\nabla} V = -\frac{dV}{dt}$．よって $\frac{dK}{dt} = -\frac{dV}{dt} \Rightarrow \frac{d}{dt}(K + V) = 0 \Rightarrow K + V =$ 一定．

例 2.2　ばね定数 k のばねの 1 端を固定し，他端に物体をつけて x 軸上で 1 次元運動（調和振動）させる．この場合のポテンシャルは

$$V(x) = \frac{1}{2}kx^2$$

である．保存力として復元力（フックの力）

$$f = -\frac{dV}{dx} = -kx$$

が導かれる．

例 2.3　原点に固定された質量 M の粒子から万有引力を受けて 3 次元運動する質量 m の粒子のポテンシャルは

$$V(\boldsymbol{r}) = -G\frac{mM}{r} \tag{2.26}$$

である．この場合，(2.19) より

$$\boldsymbol{f} = -\boldsymbol{\nabla}V(\boldsymbol{r}) = GmM\boldsymbol{\nabla}\left(\frac{1}{r}\right) = -GmM\frac{\boldsymbol{r}}{r^3} \tag{2.27}$$

となる．これが，向きの情報まで含めた万有引力の式である．最後の等式について補足しておく．$r = \sqrt{x^2 + y^2 + z^2}$ より

$$\frac{\partial}{\partial x}\left(\frac{1}{r}\right) = \frac{\partial}{\partial x}\left(\frac{1}{\sqrt{x^2 + y^2 + z^2}}\right) = -\frac{x}{(x^2 + y^2 + z^2)^{3/2}} \tag{2.28}$$

y, z の微分も同様にできる．よって

$$\boldsymbol{\nabla}\left(\frac{1}{r}\right) = -\frac{(x, y, z)}{(x^2 + y^2 + z^2)^{3/2}} = -\frac{\boldsymbol{r}}{r^3} \tag{2.29}$$

となる．この計算は力学だけでなく電磁気学でも重要になるので，是非とも自力でできるようにしておこう．

2.4　多粒子系の力学的エネルギー

力学的エネルギーの概念が多粒子の系でどう現れるか考えよう．この話は，粒子のミクロな運動と系のマクロな挙動を橋渡しする．最も簡単な例として，2 つの粒子 1，2（質量 m_1，m_2）が，ばね定数 k のばねで結ばれた系（ばね系と呼ぶことにする）があり，右向きを正とする x 軸に沿って 1 次元運動する場合を考えよう（図 2–1）．粒子 1，2 の位置座標をそれぞれ x_1，x_2 とする．

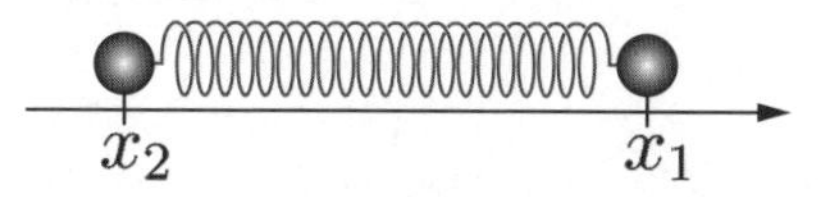

図 2-1　ばね相互作用する 2 粒子

各粒子の運動方程式は，

$$m_1\frac{dv_1}{dt} = -kx, \quad m_2\frac{dv_2}{dt} = kx \tag{2.30}$$

である．$x = x_1 - x_2 - \ell$ はばねの伸びを表す．ℓ はばねの自然長である．

粒子 1，2 に作用する力の向きが逆になる．これらの両辺にそれぞれ速度 v_1，v_2 をかけて整理すると

$$\frac{dK_1}{dt} = -kx\frac{dx_1}{dt}, \quad \frac{dK_2}{dt} = kx\frac{dx_2}{dt} \tag{2.31}$$

が得られる．K_1，K_2 は各粒子の運動エネルギーである．これらを片々足すと

$$\frac{d}{dt}(K_1 + K_2) = -kx\frac{dx}{dt} \tag{2.32}$$

が成り立つ．ただし，ℓ は一定なので

$$\frac{dx_1}{dt} - \frac{dx_2}{dt} = \frac{d}{dt}(x_1 - x_2 - \ell) = \frac{dx}{dt}$$

であることを使った.

ここで相互作用ポテンシャル

$$V_{12} = \frac{1}{2}k(|x_1 - x_2| - \ell)^2 \tag{2.33}$$

を導入しよう[2)].

次に粒子 1 が受ける力 $f_{1\leftarrow 2}$ を改めて f_1 と書こう. この書き方は, 粒子 1 が 2 個以上の粒子と相互作用している場合にも拡張できる[3)]. すると

$$f_1 = -\frac{\partial V_{12}}{\partial x_1} = -k(x_1 - x_2 - \ell) \tag{2.34}$$

が得られる. 同様に, 粒子 2 が受ける力は

$$f_2 = -\frac{\partial V_{12}}{\partial x_2} = +k(x_1 - x_2 - \ell) \tag{2.35}$$

である[4)]. これらは大きさが同じで向きが反対, つまり $f_1 + f_2 = 0$ となっている.

こうして, ここで考えているばね系の力学的エネルギーが

$$E_{\text{ばね系}} = K_1 + K_2 + V_{12} \tag{2.36}$$

であり, これが保存することがわかった. ここで $K_1 + V_{12}$ や $K_2 + V_{12}$ だけでは保存しないことに注意しよう. あくまで, 系の全運動エネルギーと相互作用ポテンシャルの総和が保存するのである.

---

2) 相互作用ポテンシャルが, 2 粒子の間の距離 $|x_1 - x_2|$ のみの関数であることを強調するために, 絶対値記号を入れておいた.

3) 例えば 3 個の粒子が相互作用している場合は $f_1 = f_{1\leftarrow 2} + f_{1\leftarrow 3}$ と書ける.

4) 符号の出処がわかりにくければ, $V_{12} = \frac{1}{2}k(x_1^2 + x_2^2 - 2x_1x_2 - 2\ell x_1 + 2\ell x_2 + \ell^2)$ と素直に展開してから微分するとよい ($+2\ell x_2$ のプラス符号に注意！).

例 2.4　図 2–2 のようにばね系が鉛直落下しながら振動する場合を考えよう．今度は鉛直上方に x 軸を取り直すと，運動方程式は

$$m_1 \frac{dv_1}{dt} = -kx - m_1 g, \qquad m_2 \frac{dv_2}{dt} = kx - m_2 g$$

である．上の議論を繰り返すと，

$$\frac{d}{dt}(K_1 + K_2) = -kx\frac{dx}{dt} - m_1 g\frac{dx_1}{dt} - m_2 g\frac{dx_2}{dt} \tag{2.37}$$

が得られる．これより力学的エネルギーは

$$E_{\text{ばね系}} = K_1 + K_2 + V_{12} + m_1 g x_1 + m_2 g x_2 \tag{2.38}$$

となる．

新しく現れた $m_1 g x_1 + m_2 g x_2$ は重力の位置エネルギーである．今の場合，粒子 1 と 2 のペアをひとつの系とし，重力の源である地球は系の外部で静止した存在とみている（その結果，E から地球の運動エネルギーが消える）．重力の位置エネルギーは外力としての重力のポテンシャルという形で現れ，重力相互作用の相手である地球の存在は姿を消している．

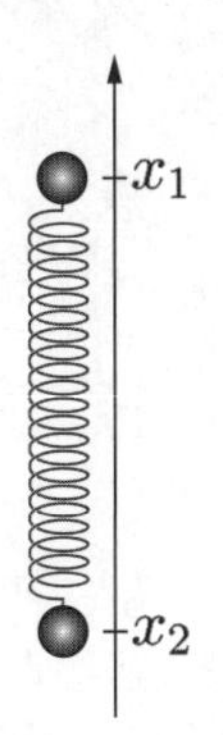

図 2–2　ばね相互作用しながら鉛直落下する 2 粒子

しかし，図 2–3 のように地球まで含めて大きなひとつの系だと考えれば，地上のばね系と地球を対等に考慮する必要がある．地球の運動エネルギー $K_{地球}$ および 2 粒子系と地球の万有引力相互作用をすべて取り込んだうえで全体の力学的エネルギーは保存する[5)]．つまり

$$
\begin{aligned}
E_{ばね系+地球} &= K_1 + K_2 + V_{12} \\
&\quad + K_{地球} - G\frac{m_1 M}{r_1} - G\frac{m_2 M}{r_2}
\end{aligned}
\tag{2.39}
$$

(地球の画像：ユニフォトプレス)

図 2–3　地球との相互作用[6)]

5)　それでもなお月や太陽との相互作用は取り込めていない．これらを取り込むには，系の境界をどんどん広げていく必要がある．そして最後には，宇宙全体を囲む境界を考えることになる．

6)　ばねは地表付近ではるかに小さく描くべきだが，見やすいように超拡大している．

となる．地球は質量 $M = 6.0 \times 10^{24}\,\mathrm{kg}$，半径 $R = 6.4 \times 10^{6}\,\mathrm{m}$ の球体であるとし，r_1，r_2 はそれぞれ粒子 1，2 と地球中心の距離である．地表を x 軸の原点にとれば，$r_1 = R + x_1$，$r_2 = R + x_2$ である．

ばね系は地表付近にある場合，x_1 と x_2 は R に比べてはるかに小さく

$$\frac{1}{r_1} = \frac{1}{R + x_1} = \frac{1}{R}\left(1 + \frac{x_1}{R}\right)^{-1} \sim \frac{1}{R} - \frac{x_1}{R^2} \tag{2.40}$$

と近似できる．地表の重力加速度の大きさは

$$g = G\frac{M}{R^2} \tag{2.41}$$

で定義されるから，地表付近での近似式として

$$\begin{aligned} E_{\text{ばね系 + 地球}} = K_1 + K_2 + V_{12} + K_{\text{地球}} \\ + m_1 g x_1 + m_2 g x_2 - G\frac{(m_1 + m_2)\,M}{R} \end{aligned} \tag{2.42}$$

が得られる．右辺の最後の項は単なる定数なので，重力ポテンシャルの基準を地表にとり直せば消せる．こうして，$E_{\text{ばね系 + 地球}}$ から $K_{\text{地球}}$ を差し引いたものが $E_{\text{ばね系}}$ に対応することがわかる．

ここでの例からわかるように，系の境界をどうとるかによって内力（相互作用）と外力の意味が変わってくる．この点は，系の力学的エネルギーを考えるうえで本質的に重要である．地表で相互作用する 2 物体をひとまとまりの系と考える場合，2 物体とばねは系の内側（内界）にある．そして地球は系の外側（外界）にあり，地球からの万有引力は外力となる．しかし系の境界を広げて地球まで含めれば，2 物体とばねおよび地球と万有引力はすべて内界にある．こうして系の境界をどんど

ん広げていくと，しまいには宇宙全体を包む巨大な系を思い浮かべることができる．この系にもはや外界は存在せず，外力も存在しないと考えられる．結果として，宇宙全体の内部の力学的エネルギーは保存されるといえる．クラウジウスは 1865 年に宇宙のエネルギーは一定であると述べてエネルギーの概念を完成させた．

ばね相互作用する 2 物体の力学的エネルギーを考えたが，この考え方を相互作用する多粒子系に一般化すると，

$$\begin{aligned}\text{力学的エネルギー} &= \sum \text{運動エネルギー} \\ &+ \sum \text{相互作用ポテンシャル} \\ &+ \sum \text{外力のポテンシャル}\end{aligned} \tag{2.43}$$

と結論できる．$\sum$ はそれぞれ総和を意味する．例えばマクロな固体の内部は，膨大な数の粒子（原子核）がばねで整然と結合した力学モデルで表せる（図 2–4）．この場合，固体全体のエネルギーは個々の粒子の運動エネルギーとばねの相互作用ポテンシャルの和として書き切ること

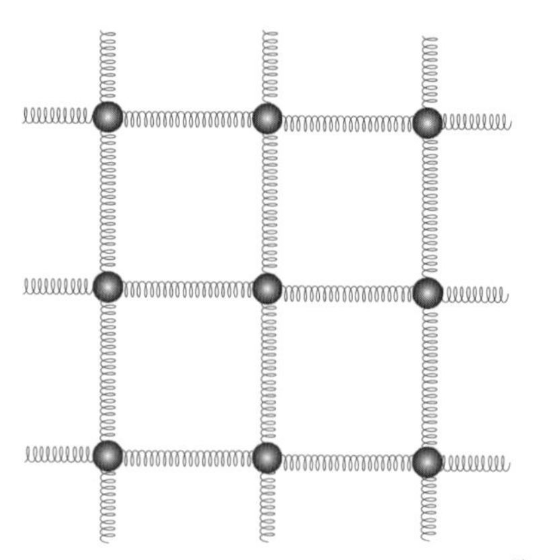

図 2–4　固体結晶の結合ばねモデル[7)]

7)　この図では 2 次元の場合を示しているが，これを積層して層間をばねでつなげば 3 次元固体のモデルとなる．

ができる．この場合，固体内部の力学的エネルギーの総和は内部エネルギーと呼ばれる[8]．相互作用する分子からなる気体の内部エネルギーも同様に考えることができる．このように，力学的エネルギーの概念がミクロ世界とマクロ世界を貫いて修正なく使える．

ところで，(2.19) で導入した 1 粒子のポテンシャルと相互作用ポテンシャル (2.33) の関係が気になるだろう．そもそもあらゆる力は相互作用であり，"相手"のある話である．その意味では，相互作用ポテンシャルがより基本的である．では 1 粒子のポテンシャルは何かというと，相互作用の相手が非常に重かったり強制的に固定されていたりして運動の自由度を失っている場合の相互作用ポテンシャルに対応する．

2.5　外力による仕事と力学的エネルギー変化

今度は，系の力学的エネルギーを変えるにはどうすればよいかを考えよう．具体例を使って話を進めよう．一端を固定されたばね（ばね定数 k）の他端に物体（質量 m）を取り付ける．さらに物体に軽い棒を付けて棒に外力[9] $F_{外}$ を加えよう（図 2–5）．物体の運動方程式は

$$m\frac{dv}{dt} = -kx + F_{外} \tag{2.44}$$

である．

運動方程式 (2.44) の両辺に v をかけて整理すると，

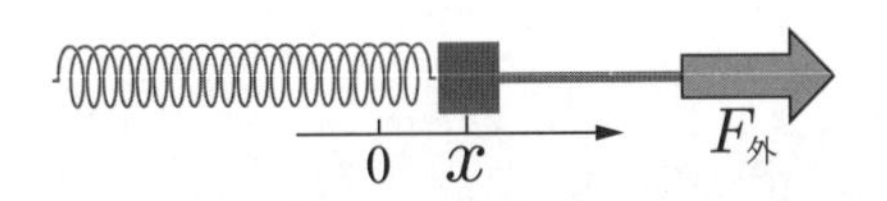

図 2–5　ばねに物体を付けて引っ張る

---

8)　正確にいうと，E から系全体の重心運動のエネルギーを差し引いたものが内部エネルギーである．

9)　ばねと物体を複合させてひとつの系と考えると，ばねの復元力は系の内部で作用する内力である．これに対して F は系の外部からの力である．

$$\frac{dE}{dt} = F_{外}\frac{dx}{dt} \tag{2.45}$$

が得られる．系の力学的エネルギーは

$$E = \frac{1}{2}mv^2 + \frac{1}{2}kx^2 \tag{2.46}$$

である．外力がゼロ（$F_{外} = 0$）なら E は一定である．これは力学的エネルギー保存則に他ならない．

(2.45) は時間微分（時間変化率）についての式であるが，これを微分（微小変化量）についての関係と読めば

$$dE = F_{外}dx \tag{2.47}$$

となる．この右辺の量 Fdx を，位置座標の微小変化 dx に伴って外力 F がする力学的仕事あるいは単に仕事と呼ぶ．力学的仕事は座標 x の変化が引き起こす（それ以外の原因はない）ことに注意しよう．x が変化しない限り力学的仕事はゼロである．この関係式は，後で熱力学第 1 法則を議論する際の基礎となる．

(2.47) の両辺を積分すると以下の結論が得られる．

物体に外力を加えて移動させるとき，力学的エネルギーの変化は

$$E_2 - E_1 = W_{外} \tag{2.48}$$

で与えられる．ここで

$$W_{外} = \int_{x_1}^{x_2} F_{外}dx \tag{2.49}$$

は物体の移動を伴って外力がする仕事の総量である．つまり，系の力学的エネルギーは外部からなされた仕事の分だけ変化する．

3 次元運動の場合は，$F_{外}dx$ を内積 $\boldsymbol{F}_{外} \cdot d\boldsymbol{r}$ で置き換えて

$$W_{外} = \int_{\boldsymbol{r}_1}^{\boldsymbol{r}_2} \boldsymbol{F}_{外} \cdot d\boldsymbol{r} \tag{2.50}$$

とすればよい．関係式(2.48)の左辺はE_1とE_2の差であって，変化の途中経過によらないことに注意しよう．系の始状態と終状態での力学的エネルギーの差さえわかれば，その間になされた仕事が直ちにわかるのである．あるいは，摩擦や空気抵抗がない限り，外力による力学的仕事Wがそのまま系の力学的エネルギー変化$E_2 - E_1$に転換されるといってもよい．

この考え方を膨大な原子・分子からなるマクロな系に適用することで断熱過程の概念が生まれる．断熱過程とは，内部エネルギー変化の起源がマクロな物体の移動を伴う力学的仕事によって尽きる過程を意味する．そして，マクロな物体の移動を伴わない内部エネルギー変化の起源として熱の概念が導入される．ここで「摩擦や空気抵抗」という言葉が現れたが，これについては以下で議論する．

2.6　摩擦と散逸

ある系に着目したとき，力学的仕事がそっくりそのまま力学的エネルギー変化に転換されるのは，摩擦や空気抵抗がない場合に限る．ここではその意味を考えよう．運動方程式 (2.44) で，物体と床の間に動摩擦が存在する場合を考える．本質的に重要なのは，動摩擦力が常に進行の向きと逆向きに働くことである．つまり，動摩擦力は速度に露わに依存する．

物体の運動は直線的であるとし，速度を v とする．このとき，v の符号が正なら摩擦力の向きは負，逆に v の符号が負なら摩擦力の向きは正になる．そこで $v > 0$ なら -1 になり，$v < 0$ なら $+1$ になる量を作れ

ばよいわけだが，そのような量が $-v/|v|$（$|v|$ は v の絶対値）であることがわかる．

改めてばねにつながれた物体の単振動を考えよう．ただし今度は速度に比例する空気抵抗が働く．このとき力学的エネルギー $E = \frac{1}{2}mv^2 + \frac{1}{2}kx^2$ の変化率を調べよう．運動方程式 (2.44) は

$$m\frac{dv}{dt} = -kx + F_{\text{外}} - \gamma v \tag{2.51}$$

と修正される．両辺に速度 $v = \dfrac{dx}{dt}$ をかけると

$$mv\frac{dv}{dt} = -kx\frac{dx}{dt} + F_{\text{外}}\frac{dx}{dt} - \gamma v^2 \tag{2.52}$$

が得られる．これを整理し，ある時刻 t_1 からその後の時刻 t_2 まで時間で積分する．すると (2.48) に代わって

$$\underbrace{E_2 - E_1}_{\text{系の力学的エネルギー変化}} = \underbrace{\int_{x_1}^{x_2} F_{\text{外}} dx}_{\text{外力による仕事}} - \underbrace{\int_{t_1}^{t_2} \gamma v^2 dt}_{\text{摩擦による散逸}} \tag{2.53}$$

が得られる．E_1，E_2 は系の内力に由来する力学的エネルギーであり，運動エネルギーとばねのポテンシャルが含まれる．

注意すべきは，(2.53) の右辺第 2 項は，$t_1 < t_2$ である限り（マイナス符号を含めて）必ず負であることである．動摩擦のため，力学的エネルギー変化は外力のする仕事で尽きず，必ず余分の減少が起きる．この減少分，つまり動摩擦によるエネルギーの損失は物体から床，床から周囲の環境へと散逸していく．散逸したエネルギーは決して取り戻すことができない．重要なことは，物体の位置がもとに戻ってくる（時刻 t_1 と t_2 での位置が等しい）場合でも摩擦によるエネルギー散逸は決してゼロ

にならないことである[10]．これに対し，外力のする仕事は必ずゼロになる．もとに戻しても回収不能であるという点が，摩擦による散逸の本質的特徴である．

摩擦による散逸は物体と床の間の原子レベルでのランダム運動が引き起こすもので，ミクロなスケールでのエネルギー移動である．実際，床は全く動いていないのに，ミクロスケールのバトンリレーによりエネルギーが散っていく．摩擦力によるエネルギー散逸は，マクロな物体の移動を伴う力学的仕事とは本質的に異なるのである．

参考文献

[1] 岸根順一郎・松井哲男『初歩からの物理』（放送大学教育振興会，2022 年）

10)　数学的にいえば，右辺第 2 項の積分 $\int v^2 dt = \int \left|\frac{dx}{dt}\right|^2 dt$ を位置の積分に変換することは決してできない．

3 古典力学の広がり

岸根順一郎

《目標&ポイント》 17 世紀後半にニュートンが確立した力学の体系は，その後 18 世紀，19 世紀を通して洗練され，今日古典力学と呼ばれる体系に発展した．古典力学は，熱力学や量子力学の論理を組み立てるうえでの頼みの綱でもあり，物理学の規範といえる．その意味で，古典力学は今日でも色あせない「生きた古典」である．本章では，対称性と保存則，剛体運動，解析力学の初歩を通して古典力学の広がりをみる．
《キーワード》 対称性，角運動量，剛体，ラグランジュ形式，ハミルトン形式

3.1 対称性と保存則

前章までに，運動量保存則，エネルギー保存則という 2 つの保存則が現れた．実は，保存則というのは系がもつ対称性の反映である．対称性とは，系にある操作を施す前後で全く区別がつかない性質であり，現代物理学においてきわめて重要な役割を果たす．ここでは，対称性の観点から保存則を見直そう．

(1) 空間並進対称性と運動量

1.5 節で運動量保存則について述べた．そこでの議論を，2.4 節で述べた相互作用ポテンシャルを使ってやり直そう．簡単のため，相互作用しながら 1 次元運動する 2 粒子を考えると，相互作用ポテンシャルは $V(x_1 - x_2)$ と書ける．2 粒子の運動量を p_1，p_2 として，運動方程式は

$$\frac{dp_1}{dt} = -\frac{\partial V(x_1 - x_2)}{\partial x_1}, \qquad \frac{dp_2}{dt} = -\frac{\partial V(x_1 - x_2)}{\partial x_2} \tag{3.1}$$

である．ここで重要なのは，すでに (2.34)，(2.35) で指摘したように

$$\frac{\partial V(x_1 - x_2)}{\partial x_1} = -\frac{\partial V(x_1 - x_2)}{\partial x_2}$$

が成り立つことである．この結果，(3.1) の辺々を足すとゼロになり，運動量の和 $p_1 + p_2$ が保存するという結論が得られる．

以上の議論の鍵は何かというと，相互作用ポテンシャルが 2 粒子の相対座標 $x_1 - x_2$ のみの関数であるということだ．これは，

$$x_1 \to x_1 + a, \quad x_2 \to x_2 + a \tag{3.2}$$

のように，x_1 と x_2 に共通のずれ a（これを空間的な並進という）を与えても $V(x_1 - x_2)$ の値が変わらないことを意味する．この不変性を並進対称性という．並進対称性は，粒子が置かれた環境（空間）が一様であることの反映である．2 粒子が地表の重力を受けて落下する場合，並進対称性は破れる．なぜなら鉛直軸に沿って重力のポテンシャルが変化するからである．このように，運動量保存則は運動する粒子が見る環境の並進対称性の帰結なのである．

(2) 時間並進対称性と力学的エネルギー保存

2.3 節でみたように，位置だけで決まるポテンシャル $V(\boldsymbol{r})$ による力（つまり保存力）を受けた運動では，力学的エネルギーが保存する．「位置だけで決まる」というのは「$V(\boldsymbol{r}, t)$ のように時間に陽に依存しない」ことを意味する．これは時間の原点をずらしてもポテンシャルが不変であることを意味する．これを時間的な並進対称性という．例えば振動電場中の荷電粒子のように，時間変化する外場中ではこの対称性が破れて

ポテンシャルが時間に陽に依存してしまう．この結果，粒子の力学的エネルギーは変動し，保存しなくなる．このように，力学的エネルギーは時間並進対称性の帰結である．

(3) 回転対称性と角運動量

例 2.3 で万有引力のポテンシャル [式 (2.26)] を考えた．ここで，このポテンシャルが原点からの距離 r にのみ依存し，ベクトル $\boldsymbol{r}$ の向きによらない点に着目しよう．「向きによらない」ということは，距離が一定であれば全方位どちらを向いても区別できないことを意味する．この性質を**回転対称性**または**球対称性**という．ポテンシャルが回転対称性をもつ場合，ここから導かれる力を**中心力**という．万有引力やクーロン力は，相互作用する 2 質点を結ぶ直線に沿って作用するので，ともに中心力である．

ポテンシャルが r のみの関数として $V(r)$ と書ける場合，ポテンシャルと保存力を結びつける式 (2.19) として

$$\boldsymbol{f}(\boldsymbol{r}) = -\boldsymbol{\nabla} V(r) = -\frac{dV(r)}{dr}\frac{\boldsymbol{r}}{r} \tag{3.3}$$

が成り立つ[1]．これより，$\boldsymbol{f}(\boldsymbol{r})$ は $\boldsymbol{r}$ と平行あるいは反平行[2]になる．ここで，平行または反平行な 2 つのベクトルの外積[3]がゼロであることを思い出そう．つまり，中心力の場合 $\boldsymbol{r} \times \boldsymbol{f}(\boldsymbol{r})$ という量はゼロになる．

---

1)　なぜなら $r = \sqrt{x^2 + y^2 + z^2}$ より

$$\frac{\partial V(r)}{\partial x} = \frac{dV(r)}{dr}\frac{\partial r}{\partial x} = \frac{dV(r)}{dr}\frac{\partial\sqrt{x^2 + y^2 + z^2}}{\partial x} = \frac{dV(r)}{dr}\frac{x}{r}$$

であり，y, z についての微分も同様に計算でき，

$$\boldsymbol{\nabla} V(r) = \frac{dV(r)}{dr}\left(\frac{x}{r}, \frac{y}{r}, \frac{z}{r}\right) = \frac{dV(r)}{dr}\frac{\boldsymbol{r}}{r}$$

が得られる．

2)　方向（direction）は同じで向き（orientation）が逆であることを反平行という．

3)　参考文献 [1] 第 2 章を参照．

ここで運動方程式 $d\boldsymbol{p}/dt = \boldsymbol{f}(\boldsymbol{r})$ を使うと

$$\boldsymbol{r} \times \boldsymbol{f}(\boldsymbol{r}) = \boldsymbol{r} \times \frac{d\boldsymbol{p}}{dt} = \frac{d}{dt}(\boldsymbol{r} \times \boldsymbol{p}) = \boldsymbol{0} \tag{3.4}$$

と変形できる．なぜなら

$$\frac{d}{dt}(\boldsymbol{r} \times \boldsymbol{p}) = \boldsymbol{r} \times \frac{d\boldsymbol{p}}{dt} + \underbrace{\frac{d\boldsymbol{r}}{dt}}_{=\boldsymbol{v}} \times \underbrace{\boldsymbol{p}}_{=m\boldsymbol{v}} \tag{3.5}$$

で，第 2 項はゼロになるからである．私たちは，ここに 1 つの保存量 $\boldsymbol{L} = \boldsymbol{r} \times \boldsymbol{p}$ を得たことになる．これを角運動量と呼ぶ．まとめると

> 球対称ポテンシャルによる力（中心力）を受けて運動する質点の角運動量
>
> $$\boldsymbol{L} = \boldsymbol{r} \times \boldsymbol{p} \tag{3.6}$$
>
> は保存する．

xy 平面上を運動する 1 個の質点の位置ベクトルと運動量を，直交基底を用いて

$$\boldsymbol{r} = x\boldsymbol{e}_x + y\boldsymbol{e}_y, \qquad \boldsymbol{p} = p_x\boldsymbol{e}_x + p_x\boldsymbol{e}_y \tag{3.7}$$

と表そう．$\boldsymbol{e}_x \times \boldsymbol{e}_x = \boldsymbol{0}$，$\boldsymbol{e}_x \times \boldsymbol{e}_y = \boldsymbol{e}_z$ に注意すると

$$\boldsymbol{L} = \boldsymbol{r} \times \boldsymbol{p} = (xp_y - yp_x)\,\boldsymbol{e}_z \tag{3.8}$$

が得られる．角運動量は質点が運動する平面と垂直な向きをもつベクトルである．

3.2 角運動方程式

(1) 角運動量変化とトルク

以上では，ポテンシャルが球対称の場合に現れる保存量として角運動量を導入した．ポテンシャルが球対称とは限らない場合，(3.5) より

$$\frac{d\boldsymbol{L}}{dt} = \boldsymbol{r} \times \boldsymbol{f} \tag{3.9}$$

がいえる．中心力なら $\boldsymbol{r}$ と $\boldsymbol{f}$ は平行で，右辺はゼロになる．右辺に現れた量

$$\boldsymbol{N} = \boldsymbol{r} \times \boldsymbol{f} \tag{3.10}$$

をトルクまたは力のモーメントと呼ぶ．まとめると，

質点にトルク $\boldsymbol{N} = \boldsymbol{r} \times \boldsymbol{f}$ が働くと角運動量 $\boldsymbol{L} = \boldsymbol{r} \times \boldsymbol{p}$ が変化する．その変化率は

$$\frac{d\boldsymbol{L}}{dt} = \boldsymbol{N} \tag{3.11}$$

で与えられる．

この関係式を角運動方程式と呼ぶ．$\boldsymbol{f}$ が中心力なら $\boldsymbol{N} = \boldsymbol{0}$ であり，角運動量が保存することがわかる．

角運動量の定義 (3.6) より，ベクトル $\boldsymbol{L}$ は $\boldsymbol{r}$ にも $\boldsymbol{p}$ にも垂直である．このため，$\boldsymbol{L}$ が保存される場合，$\boldsymbol{r}$ と $\boldsymbol{p}$ は $\boldsymbol{L}$ に垂直な 1 つの平面内になくてはならない．$\boldsymbol{r}$ と $\boldsymbol{p}$ のいずれかでもこの平面から飛び出すようなことがあれば，$\boldsymbol{L}$ の向きは直ちに変わってしまうからである．さらにベクトル $\boldsymbol{r}$ がこの平面上に収まるということは，当然のことながら中心力の

原点（$\boldsymbol{r} = \boldsymbol{0}$）もこの平面上になくてはならないということだ．こうして私たちは，中心力が引き起こす運動では角運動量が保存され，その結果，質点の運動は $\boldsymbol{L}$ に垂直で原点（$\boldsymbol{r} = \boldsymbol{0}$）を通る 1 つの平面内で起きるという重要な結論を得る．太陽のまわりを巡る惑星や彗星の軌道は，角運動量保存則が成り立つ限り常に一定の平面（軌道面）内にある．また，地球のまわりで人工衛星を周回させるときその軌道は必ず地球の中心を含む一定の平面内にある．

（2） 極座標による表示

角運動量が保存されると質点の運動は平面（軌道面）に限定される．この平面上の 2 次元運動を記述するために極座標を使おう．図 3–1(a) のように $\boldsymbol{r}$ に平行な基底 $\boldsymbol{e}_{||}$ とこれに垂直な基底 $\boldsymbol{e}_{\perp}$ を導入しよう．この基底で張られる座標系を極座標系と呼ぶ．この基底を使うと，$\boldsymbol{r}$ は単に

$$\boldsymbol{r} = r\boldsymbol{e}_{||} \tag{3.12}$$

（$r = |\boldsymbol{r}|$）と書ける．

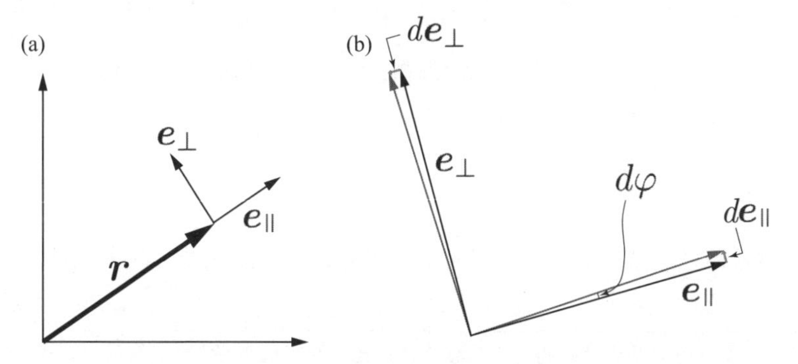

図 3–1　2 次元極座標系の基底とその微小変化

極座標の特徴は，基底$\boldsymbol{e}_{||}$，$\boldsymbol{e}_{\perp}$がともに時間変化することである[4)]．このため，速度は

$$\boldsymbol{v} = \frac{d}{dt}(r\boldsymbol{e}_{||}) = \frac{dr}{dt}\boldsymbol{e}_{||} + r\frac{d\boldsymbol{e}_{||}}{dt} \tag{3.13}$$

となる．

図 3–1(b) に示すように，無限小時間 dt の間に基底 $\boldsymbol{e}_{||}$ が角度 $d\varphi$ だけ回転したとする．このとき基底の変化 $d\boldsymbol{e}_{||}$ の大きさは $d\varphi$ に等しく，向きは $\boldsymbol{e}_{\perp}$ に等しくなる．同様に $d\boldsymbol{e}_{\perp}$ の大きさは $d\varphi$ に等しく，向きは $-\boldsymbol{e}_{||}$ に等しい．つまり $d\boldsymbol{e}_{||} = d\varphi\boldsymbol{e}_{\perp}$，$d\boldsymbol{e}_{\perp} = -d\varphi\boldsymbol{e}_{||}$ と書くことができる[5)]．これらの両辺を dt で割り，角速度 $\omega = d\varphi/dt$ を導入すれば

$$\frac{d\boldsymbol{e}_{||}}{dt} = \omega\boldsymbol{e}_{\perp}, \qquad \frac{d\boldsymbol{e}_{\perp}}{dt} = -\omega\boldsymbol{e}_{||} \tag{3.14}$$

となる．これより，

$$\boldsymbol{v} = \frac{dr}{dt}\boldsymbol{e}_{||} + r\omega\boldsymbol{e}_{\perp} \tag{3.15}$$

が得られる．この表現を使うと，角運動量は

$$\boldsymbol{L} = \boldsymbol{r} \times \boldsymbol{p} = (r\boldsymbol{e}_{||}) \times \left(m\frac{dr}{dt}\boldsymbol{e}_{||} + mr\omega\boldsymbol{e}_{\perp}\right) = mr^2\omega\boldsymbol{e}_z \tag{3.16}$$

と書ける．$\boldsymbol{e}_z = \boldsymbol{e}_{||} \times \boldsymbol{e}_{\perp}$ は軌道面に垂直な単位ベクトルである．これより，角運動量の大きさが

$$L = mr^2\omega \tag{3.17}$$

であることが読み取れる．平面上で円運動（半径 r）の場合，トルクも

4)　直交座標の基底は時間変化しないのでとてもわかりやすい．慣れないうちは，極座標の基底が時間とともに変化する点を難しいと感じる初学者が多い．しかし，原点のまわりでの回転運動を直交座標で記述しようとすればきわめて煩雑になる．基底が時間変化するというデメリットは，記述の簡潔さで十分補われる．

5)　$\mathrm{e}_{||} \cdot \mathrm{e}_{||} = 1$ の両辺の微分をとると，$\mathrm{e}_{||} \cdot d\mathrm{e}_{||} = 0$ であることがわかる．これより $\hat{\mathrm{e}}_{||}$ と $d\hat{\mathrm{e}}_{||}$ が直交することが理解できる．

軌道面に垂直である（さもなくば粒子は軌道面から飛び出す）．その成分を N とすると，角運動方程式 (3.11) は

$$\frac{dL}{dt} = N \Longrightarrow mr^2 \frac{\omega}{dt} = N \tag{3.18}$$

となる．

例 3.1　伸縮しない糸で結ばれた質量 m の小物体が滑らかな水平面上を運動する．糸のもう一方の端は等速で小孔に引き込まれている（図 3–2）．このとき糸の張力 F を，小孔と物体の距離 r の関数として求めよう．ただし $r = r_0$ での角速度が ω_0 であるとする．

物体が糸から受ける張力は中心力なので，小孔のまわりの角運動量は保存する．よって

$$m(\omega_0 r_0) r_0 = m(\omega r) r \Longrightarrow \omega = \frac{\omega_0 r_0^2}{r^2} \tag{3.19}$$

これより張力は

$$F = m\omega^2 r = \frac{m\omega_0^2 r_0^4 r}{r^4} = \frac{m\omega_0^2 r_0^4}{r^3} \tag{3.20}$$

となる．

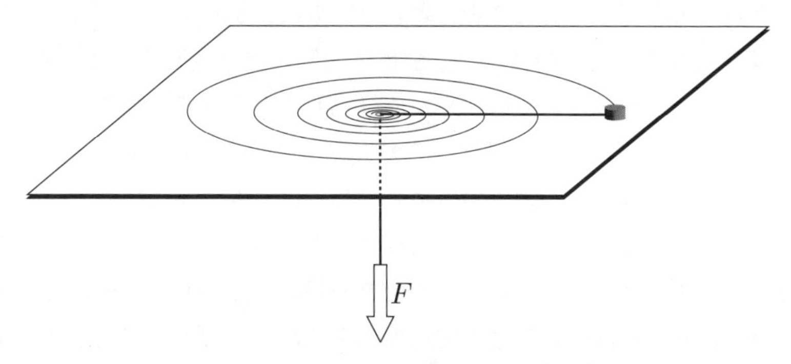

図 3–2　回転しながら引き込まれる物体

3.3　質点系から剛体へ

(1)　視点の広がり

質点の概念を考案したのはオイラーである．これによって運動方程式に基づいて「点の動き」を追いかけるための数学的な処方が整備された．しかし，私たちの身のまわりの物体はすべて広がりをもっている．広がりのある物体の運動を，質点の運動についての知見とどう結びつければよいだろう．

鍵となるのは，広がった物体も微小分割すれば個々の要素は質点とみなせるという見方である．これは微分法のアイディアそのものだ．広がりをもつ物体を，多数の質点からなるシステム（質点系）とみなすことで質点力学の方法を適用することができるようになるのである．そして，分割した要素を再構成すればシステム全体の運動を記述することができる．再構成というのは積分法のアイディアに他ならない．時間を分割して瞬間をとらえるだけでなく，空間的な広がりをもつものに対して微分・積分の発想を適用していくことで「広がり」をとらえようというわけである．この見方もまた，オイラーが整備したものだ．

ところで，広がりをもつ物体といっても実に多様である．例えば質点をばねでつないだ系の場合，系全体は複雑に形を変えることができる．質点を密に集積していけば，やがて微小要素が連続的に分布した柔らかな物体が出来上がる．一般に，このような柔らかな物体[6]の運動は複雑な内部変形を伴う．このため，運動の解析は大変困難になる．一方，質点をばねでなく固い棒でつないだ場合，系全体は形を変えることができない．このように，系を構成する要素の間の距離が変わらない物体は剛体と呼ばれる．剛体の運動は内部変形を伴わないため，質点運動にはなかった運動としては，回転運動だけを考えればよいことになる．剛体運

6)　一般に，ソフトマターと呼ばれる．

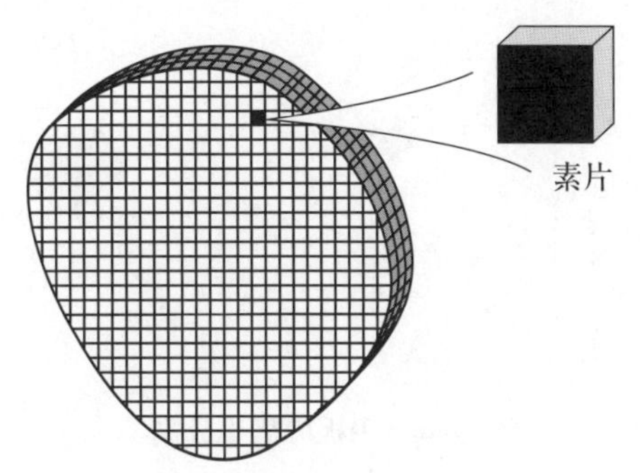

図 3-3　剛体を微小分割すれば，個々の要素は質点とみなせる

動の解析は，オイラーを中心とする大陸の数学者たちによって 18 世紀に整備が進んだ．以下では，剛体の運動の基本的な記述法を述べる．

（2） 慣性モーメント

質量 M，半径 a の一様な材質でできた円板が，中心軸のまわりに角速度 ω で回転している．この円板の運動エネルギーと角運動量を求めよう．基本的な発想は，円板を細かな要素に分割して個々の要素を質点とみなすことである．この際，図 3–4 のように動径方向と極方向に微小分割する[7]．すると 1 つの要素の面積は

$$dS = \frac{1}{2}[(r+dr)^2 - r^2]d\varphi = rdrd\varphi \tag{3.21}$$

となる．こういう発想は典型的な「微分発想」であり，理工学のあらゆる場面で使われる．

面積の要素を考えるので dr と $rd\varphi$ の積は残し，これより高次の微小量 $(dr)^2\,d\varphi$ は無視する．この要素の質量は $dm = M\dfrac{dS}{\pi a^2}$ だから，この

7）　丸いピザを無限小の要素に分割したいとすると，どのような切り方をすればよいだろう．答えは，「放射状に切り，ついで同心円状に切ることを際限なく続ければよい」である．これは極座標による円板の微小分割に他ならない．このような切り方は，円のもつ対称性を尊重した自然な切り方である．

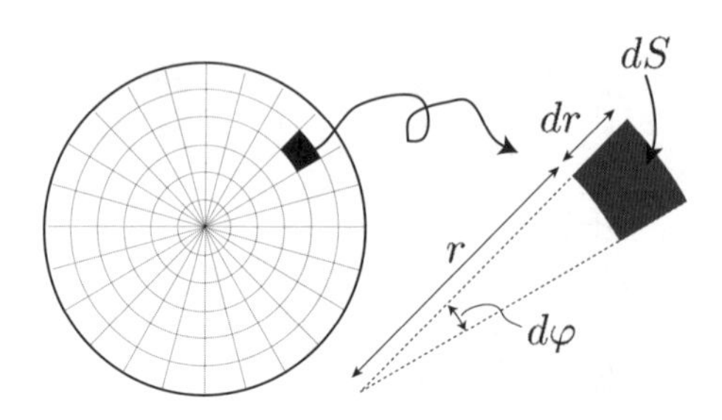

図 3–4　円板の微小分割

微小要素の運動エネルギー dK と角運動量の大きさ dL はそれぞれ

$$dK = \frac{1}{2}(dm)(r\omega)^2 = \frac{1}{2}\left(r^2 dm\right)\omega^2 \tag{3.22}$$

$$dL = (dm)\,r^2\omega = \left(r^2 dm\right)\omega \tag{3.23}$$

となる．ここで $r\omega$ は要素の速さである．ここに共通の量

$$dI = r^2 dm = \frac{M}{\pi a^2} r^3 dr d\varphi \tag{3.24}$$

が現れた．これを微小要素の慣性モーメントと呼ぶ．さらに円板全体にわたって足し上げる（積分発想）と

$$I = \int r^2 dm = \frac{M}{\pi a^2}\int_0^{2\pi}\int_0^a r^3 dr d\varphi = \frac{M}{\pi a^2}\times 2\pi\times\frac{a^4}{4} = \frac{1}{2}Ma^2 \tag{3.25}$$

が得られ，これを使って円板全体について

運動エネルギー：$K = \frac{1}{2}I\omega^2$　(3.26)

角運動量：$L = I\omega$　(3.27)

が得られる．慣性モーメントの考え方は，広がりのある物体を微小分割して再び積算するという意味で，微分発想と積分発想の典型例である．

丁寧に理解しておくといろいろな場面で役立つだろう．

例 3.2　地球の軌道角運動量とスピン角運動量の比がどの程度か調べよう．地球の質量は $m = 5.97 \times 10^{24}\,\mathrm{kg}$，半径は $R = 6.38 \times 10^{6}\,\mathrm{m}$，軌道はほぼ $r = 1.50 \times 10^{11}\,\mathrm{m}$ の円，公転周期は $T_{\text{公転}} = 365.25$ 日である．これより軌道角運動量は $L_{\text{軌道}} = mr^2\omega_{\text{公転}} = mr^2(2\pi/T_{\text{公転}}) = 2.68 \times 10^{40}\,\mathrm{kg{\cdot}m^2{\cdot}s^{-1}}$ と計算できる．また，慣性モーメントは $I = \frac{2}{5}mR^2$，自転周期は $T_{\text{自転}} = 23$ 時間 56 分なので，自転角運動量は $L_{\text{スピン}} = I\omega_{\text{自転}} = \frac{2}{5}mR^2(2\pi/T_{\text{自転}}) = 7.10 \times 10^{33}\,\mathrm{kg{\cdot}m^2{\cdot}s^{-1}}$，$L_{\text{スピン}}/L_{\text{軌道}} = 2.65 \times 10^{-7}$ と計算できる．この結果から，地球の角運動量はほぼすべて軌道角運動量で尽くされることがわかる．

例 3.3　図 3–5 のように，粗い斜面上に置かれたボール（半径 R，質量 M）が転がりながら斜面を進んでいく．これは重心が進む（並進）運動とそのまわりの回転運動がともに起きる剛体運動の典型である．ボールと斜面との間に働く摩擦力のために，ボールは滑らずに転がる

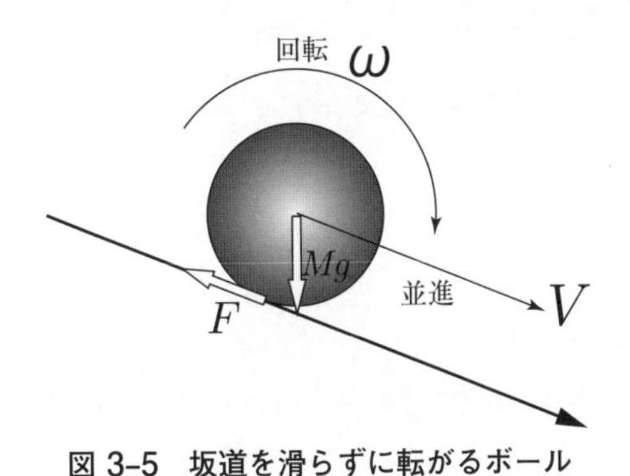

図 3–5　坂道を滑らずに転がるボール

とする．ボールに働く外力は，重力と静止摩擦力[8)]，および斜面からの垂直抗力である．すると，重心の運動方程式は

$$M\frac{dV}{dt} = Mg\sin\theta - F \tag{3.28}$$

となる．V は重心速度，θ は斜面の傾斜角，F は静止摩擦力の大きさである．

次に重心のまわりの回転運動を考える．回転のトルクを与えるのは静止摩擦力なので，(3.18) に対応する角運動方程式は

$$I\frac{d\omega}{dt} = RF \tag{3.29}$$

となる．I はボールの中心軸のまわりの慣性モーメントである．

さらに，滑らずに転がる条件として

$$V = R\omega \tag{3.30}$$

が成り立つ[9)]．以上 (3.28)，(3.29)，(3.30) より，重心の加速度として

$$\frac{dV}{dt} = \frac{g\sin\theta}{1+\dfrac{I}{MR^2}} \tag{3.31}$$

が得られる．一様な球体の場合 $I = \dfrac{2}{5}MR^2$ なので，$\dfrac{dV}{dt} = \dfrac{5}{7}g\sin\theta$ となる．

3.4 解析力学入門

(1) ラグランジュ形式

運動方程式は微分方程式であり，時々刻々の変化を文字通り瞬間の連

---

8) ボールと斜面の間に「滑り」が生じる場合は動摩擦力が働く．今の場合，滑りは生じないとしているので，静止摩擦が作用する．

9) ボールが重心のまわりで角 φ だけ回転する間に，ボールと斜面の接点は $X = R\varphi$ だけ進む．これを時間で微分すればこの関係式が得られる．

鎖として微分的に追跡する見方である．これに対して，異なる時刻での質点の状態（位置と速度）を与えたとき，これらをつなぐ無限の可能性から，実現される軌道がどのように選び出されるかという視点がある．例えば光が真空中および物質中を進む際，経過時間が最小になるような経路が選ばれる．これをフェルマーの原理と呼ぶ．このように，ある量が最大値や最小値のような極値をとること基本原理に据える見方を変分原理（極値原理）という．力学を変分原理に基づいて再構築することで，ニュートン力学の枠組みは飛躍的に広がり，深化する．この構成法はラグランジュ形式と呼ばれ，これを出発点とする古典力学の体系を解析力学と呼ぶ．

ラグランジュ形式はより実用的な利点ももつ．運動方程式はベクトルについての微分方程式である．このため力を成分に分け，各成分について方程式を解かねばならない．この面倒な作業に対して，もしスカラー量を扱うだけで話がすめば話は飛躍的に楽になる．変分原理は特定のスカラー量を極値化する原理であり，この目的に適合する．ラグランジュ形式において，この特定のスカラー量に対応するのがラグランジアンである．しかもラグランジュ形式は座標系の選び方にしばられない．

簡単のため，粒子の 1 次元運動を考えよう．質点の状態は位置 x と速度 v で指定される．そこで，これらを変数とするスカラー量 $L(x,v)$ を作り，これをラグランジアンと呼ぼう．x と v はもちろん，速度の定義式 $v = dx/dt$ で結ばれている．そして，作用と呼ばれる量

$$S = \int_{t_0}^{t_1} L(x,v)\,dt \tag{3.32}$$

を考える．t_0 と t_1 は運動の開始時刻と終了時刻であり，これらの時刻での位置と速度はわかっているものとする．そうしておいて，作用を最小化するような経路を探すのである．この見方を図 3–6 に示す[10]．

10）　例えるなら，あらゆる可能な人生経路から結局は一通りの経路（実現される人生）が選ばれるようなものである．自然が変分原理に従って，このような経路選択をすることはとても興味深い．

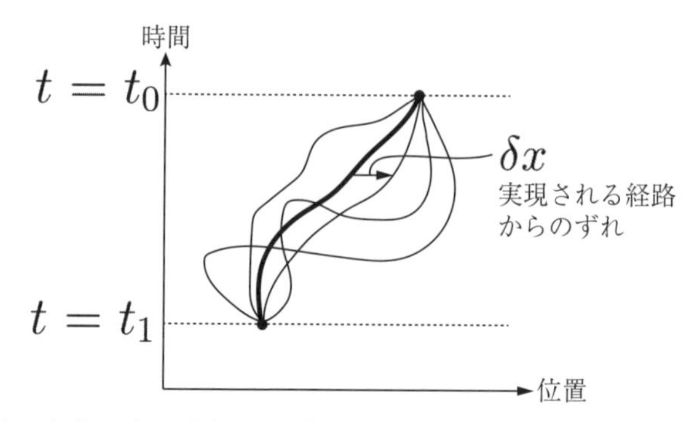

図 3–6 始めと終わりの位置は固定し，これらを結ぶ可能なあらゆる経路を試す．実現するのは，作用を最小化する経路（例えば図中の太線の経路）である．

時間の関数として x と v が定まれば，数値として S が 1 つ決まる．このように，関数を入力して数値を出力する働きを汎関数と呼ぶ．作用 S は x と v の汎関数である．次に変分原理を定式化しよう．それには，x を故意に $x + \delta x$ にずらす．ただし，$t = t_0$ と $t = t_1$ では $\delta x = 0$ とする．これは始状態と終状態は固定して，途中の経路をいろいろ変えるという方針に対応している．この変化に伴って，v は $v + \delta v$ にずれる．このずれに伴う S の変化

$$\delta S = \int_{t_0}^{t_1} L\left(x + \delta x, v + \delta v\right) dt - \int_{t_0}^{t_1} L\left(x, v\right) dt \tag{3.33}$$

を S の変分と呼ぶ．この式を整理していこう．まず，δx について 2 次以上の項は無視して

$$L\left(x + \delta x, v + \delta v\right) = L\left(x, v\right) + \frac{\partial L}{\partial x}\delta x + \frac{\partial L}{\partial v}\delta v$$

と展開する．これより

$$\delta S = \int_{t_0}^{t_1} \left(\frac{\partial L}{\partial x}\delta x + \frac{\partial L}{\partial v}\delta v\right) dt \tag{3.34}$$

が得られる．次に $v = dx/dt$ だから，δx の時間微分が δv に等しいことに注意する．つまり

$$\delta v = \frac{d}{dt}\delta x \tag{3.35}$$

これより

$$\int_{t_0}^{t_1} \frac{\partial L}{\partial v}\delta v dt = \int_{t_0}^{t_1} \frac{\partial L}{\partial v}\left(\frac{d}{dt}\delta x\right) dt = \underbrace{\left[\frac{\partial L}{\partial v}\delta x\right]_{t_0}^{t_1}}_{=0} - \int_{t_0}^{t_1} \frac{d}{dt}\left(\frac{\partial L}{\partial v}\right)\delta x dt$$

が得られる．2 番目のイコールは，部分積分の公式に対応する．$t = t_0$ と $t = t_1$ で $\delta x = 0$ としているので第 1 項はゼロとなる．こうして

$$\delta S = \int_{t_0}^{t_1} \left[\frac{\partial L}{\partial x} - \frac{d}{dt}\left(\frac{\partial L}{\partial v}\right)\right]\delta x dt \tag{3.36}$$

が得られる．これで準備が整った．

変分原理は，実現される軌道に微小変形 δx を施しても S が変わらない（つまり S が極値をとる）ことを要請する．つまり $\delta S = 0$ である．δx は任意の微小量なので，この要請が満たされる条件として

$$\frac{d}{dt}\left(\frac{\partial L}{\partial v}\right) = \frac{\partial L}{\partial x} \tag{3.37}$$

が得られる．これを**オイラー・ラグランジュ方程式**と呼ぶ．では，そもそも L はどのように与えられるのだろう？ それを知る手掛かりは，この方程式が保存力のもとでの運動方程式

$$m\frac{dv}{dt} = -\frac{dV(x)}{dx} \tag{3.38}$$

に帰着されるべきだということである．左辺どうしを等置すると

$$\frac{d}{dt}\left(\frac{\partial L}{\partial v}\right) = \frac{d}{dt}(mv) \Rightarrow \frac{\partial L}{\partial v} = mv$$

$$\Rightarrow L = \frac{1}{2}mv^2 + (v, t \text{ によらない項})$$

右辺どうしを等置すると

$$\frac{\partial L}{\partial x} = -\frac{dV}{dx} \Rightarrow L = -V(x) + (x \text{ によらない項})$$

が得られる．これらをともに満たす L として，

$$L(x, v) = \frac{1}{2}mv^2 - V(x) \tag{3.39}$$

が特定できる．ラグランジアンは，運動エネルギーからポテンシャルを引いたものである．また，ラグランジアンを使うと運動量が

$$p \equiv \frac{\partial L}{\partial v} \tag{3.40}$$

で与えられることがわかる．ラグランジアンを「座標の時間微分」で微分したこの量は，一般に**正準運動量**と呼ばれる．

変分原理は「実現される軌道からのずれ」を問題にするので，粒子の個数や運動する空間の次元を増やしても一般性を失わない．位置を直交座標で表そうが極座標で表そうがお構いなしである．また円周上を運動する粒子のように，特定の軌道に束縛されていてもよい．ラグランジアン形式をまとめると次のようになる．

粒子の位置を指定する座標(一般化座標)を $q_1, q_2, \ldots, q_n$ [11] とし，その集合を $\{q_i\}$ とする．また，これらの時間微分を $\{\dot{q}_i\}$ とする．このとき，全運動エネルギーから相互作用ポテンシャルおよび外力のポテンシャルを引いたラグランジアン $L(\{q_i\}, \{\dot{q}_i\}) = K(\{\dot{q}_i\}) - V(\{q_i\})$ を作る．このラグランジアンから作用

$$S = \int_{t_0}^{t_1} L(\{q_i\}, \{\dot{q}_i\})dt \tag{3.41}$$

11）例えば N 個の粒子が束縛なく 3 次元運動する場合，$n = 3N$ である．束縛条件（例えばすべての粒子が円周上を運動するなど）が C 個あると，$n = 3N - C$ となる．

を作り，これに極値条件を課すことで n 本のオイラー・ラグランジュ方程式

$$\frac{d}{dt}\left(\frac{\partial L}{\partial \dot{q}_i}\right) = \frac{\partial L}{\partial \dot{q}_i} \tag{3.42}$$

が得られる．

例 3.4　図 3–7 のように，半径 R の円筒面に沿って滑らずに転がり振動する円柱（半径 a，質量 m）の運動を考えよう．円柱は中身が一様に詰まっている．図を参照してラグランジアンを書くと

$$L = K - V = \frac{1}{2}m(R-r)^2\dot{\theta}^2 + \frac{1}{2}I\dot{\varphi}^2 - mg(R-r)(1-\cos\theta) \tag{3.43}$$

となる（$\dot{\theta}$ の「ドット」は時間微分を表す）．第 1 項は円柱の重心の運動エネルギー，第 2 項は重心のまわり（つまり円筒の中心軸のまわり）の回転運動エネルギーである．円柱の慣性モーメントは以下のように求められる．円柱は厚い円板とみなせるから，慣性モーメントは (3.25) で与えられる．ここで，滑らずに転がる条件は

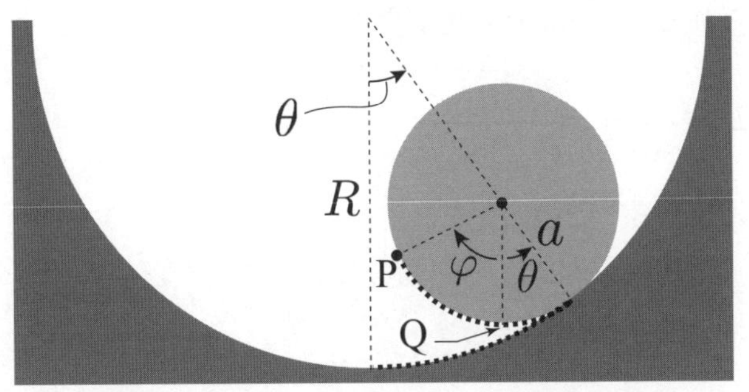

図 3–7　円筒面に沿って転がり振動する円柱

$$R\theta = a\theta + a\varphi \Rightarrow (R-a)\,\theta = a\varphi$$

である[12)]．重力のポテンシャルについては，円柱が最下点にある場合と比べて中心軸が $(R-r)\,(1-\cos\theta)$ だけ持ち上がることに注意すれば $V = mg(R-r)\,(1-\cos\theta)$ が得られる．

以上より，ラグランジアンは

$$L = \frac{3}{4}m(R-r)^2\dot{\theta}^2 + mg(R-r)\cos\theta \tag{3.44}$$

となる．滑らずに転がる条件（束縛条件）のおかげで，自由度がひとつになったわけである．θ についてオイラー・ラグランジュ方程式を書くと

$$\frac{d}{dt}\left(\frac{\partial L}{\partial\dot{\theta}}\right) = \frac{\partial L}{\partial\theta} \Rightarrow \ddot{\theta} + \frac{2}{3}\left(\frac{g}{R-r}\right)\sin\theta = 0 \tag{3.45}$$

が得られる（$\ddot{\theta}$ は時間での 2 階微分）．最下点付近の微小振動の場合，$\sin\theta$ を θ で近似でき，単振動の方程式

$$\ddot{\theta} = -\underbrace{\frac{2}{3}\left(\frac{g}{R-r}\right)}_{=\omega^2}\theta \tag{3.46}$$

が得られる．これより振動周期が

$$T = \frac{2\pi}{\omega} = \pi\sqrt{\frac{6(R-r)}{g}} \tag{3.47}$$

と求められる．この問題を，垂直抗力，摩擦力，重力をベクトルとして扱った運動方程式と角運動方程式を使って解くのは非常に大変である．

---

12)　この関係式はわかりにくいので補足しておく．円柱上に点 P をとる．P は円柱が最下点にあるときの，円筒面との接触点である．円柱が軸のまわりに回転する角 φ は，鉛直軸を基準に測らねばならない（ここが重要）．ところが，軸が θ 回転すると，鉛直軸と円柱表面との交点（図中の Q）は角 θ だけ回転する．よって，接触点の移動距離は図中の太い破線の長さ $a\theta + a\varphi$ になる．

(2) ハミルトン形式

ラグランジュ形式は配位空間の変分原理に基づくが，これを相空間の変分原理に書き換えよう．それには，ラグランジアンから一般化座標 $\boldsymbol{q}$ と，(3.40) で定義される $\boldsymbol{p}$ を独立変数（正準変数）とするスカラー量を作り出す必要がある．この手続きはハミルトニアンと呼ばれる量

$$H(\boldsymbol{q}, \boldsymbol{p}) = \boldsymbol{p} \cdot \dot{\boldsymbol{q}} - L(\boldsymbol{q}, \dot{\boldsymbol{q}}) \tag{3.48}$$

を導入することで遂行できる．両辺の微分をとり，(3.40) と (3.42) を使うと

$$dH = \dot{q}_i dp_i - \dot{p}_i dq_i \tag{3.49}$$

となって確かに H は $\boldsymbol{q}$ と $\boldsymbol{p}$ の関数であることがわかる．さらに，これらの変数の時間微分が

$$\dot{q}_i = \frac{\partial H}{\partial p_i}, \quad \dot{p}_i = -\frac{\partial H}{\partial q_i} \tag{3.50}$$

で与えられることがわかる[13]．これがハミルトンの正準方程式である．ラグランジアンが時間を陽に含まない限り，H は系の力学的エネルギーと等しい．

例 3.5　ラグランジアン (3.39) からハミルトニアンを作ろう．正準運動量は $p = m\dot{x}$ だから $\dot{x} = p/m$ となる．これより

$$H(x, p) = p\dot{x} - L(x, v) = \frac{p^2}{2m} + V(x)$$

となって確かにハミルトニアンは力学的エネルギーに等しい．運動方程式（正準方程式）は

$$\frac{dx}{dt} = \frac{\partial H}{\partial p} = \frac{p}{m}$$

13）変数 x, y の関数 $f(x, y)$ の全微分が $df = Adx + Bdy$ と書けるとき，$A = \partial f/\partial x$, $B = \partial f/\partial y$ である．数学的な内容を確認したい読者は，例えば河添健著『解析入門』（放送大学教育振興会，2024）を参照のこと．

$$\frac{dp}{dt} = -\frac{\partial H}{\partial x} = -\frac{dV(x)}{dx}$$

という 1 階の連立微分方程式になる．第 1 式は単に速度と運動量の関係であり，第 2 式はニュートンの運動方程式に他ならない．わざわざ x と p を独立変数に仕立てて運動方程式を“2 階建て”にすることで，微分方程式の次数が 1 階に下がったわけである．

正準方程式をみると，ラグランジュ形式と比べて運動方程式の微分の階数を 2 階から1 階に下げた代償として独立変数の数が 2 倍になっている．これは力学的な状態を $\boldsymbol{q}$ と $\boldsymbol{p}$ からなる空間（一般に**相空間**と呼ばれる）の上の点の軌跡として記述する見方である．このように相空間の点の運動として力学的状態変化をとらえる枠組みを，ハミルトン形式という．

ハミルトン形式が果たす最大の役割が，古典力学と量子力学との橋渡しである．ある物理量が，正準変数 (x, p) の関数として $A(x, p)$ と書かれているとする．このとき $A(x, p)$ の時間変化率は

$$\frac{dA}{dt} = \frac{\partial A}{\partial x}\frac{dx}{dt} + \frac{\partial A}{\partial p}\frac{dp}{dt} = \frac{\partial A}{\partial x}\frac{\partial H}{\partial p} - \frac{\partial A}{\partial p}\frac{\partial H}{\partial x} \tag{3.51}$$

となる[14)]．ここで，x と p の関数 A，B に対するポアソン括弧

$$\{A, B\} \equiv \frac{\partial A}{\partial x}\frac{\partial B}{\partial p} - \frac{\partial A}{\partial p}\frac{\partial B}{\partial x} \tag{3.52}$$

を導入すると，(3.51) は

$$\frac{dA}{dt} = \{A, H\} \tag{3.53}$$

と書ける．これより，$\{A, H\}$ がゼロになる物理量は保存することがわかる．共役な正準変数のペア x，p の間のポアソン括弧は

14)　$A(x, p)$ の全微分は $dA = \frac{\partial A}{\partial x}dx + \frac{\partial A}{\partial p}dp$ と書ける．これを dt で割ればこの式が得られる．この関係式は，A は x, p を独立変数とする関数であるが，x, p 自身も時間の関数であることによるごく自然な式である．

$$\{x, p\} = 1 \tag{3.54}$$

を満たす[15)]．第 4 章でみるように，ポアソン括弧を演算子の間の交換関係と対応させ，

$$\{A, B\} \longleftrightarrow -\frac{i}{\hbar}\left[\hat{A}, \hat{B}\right] \tag{3.55}$$

と置き換えることによって量子力学への移行（正準量子化）が遂行できる．ここに現れた極微の定数 $\hbar$ はプランク定数と呼ばれる定数を 2π で割ったものであるが，その意味は第 11 章で明らかになる．

参考文献

[1] 岸根順一郎・松井哲男『初歩からの物理』（放送大学教育振興会，2022 年）

15）　ここでの議論を相空間の次元が高い場合に拡張するには，単に x，p を $\boldsymbol{q}, \boldsymbol{p}$ と読み替えればよい．

4 ベクトル場

岸根順一郎

《目標&ポイント》 ニュートン力学のテーマは粒子の運動だった．そこでは，力は与えられたものとしてその内容を問うことはしなかった．本章では，力というものを空間に広がった「場」としてとらえる見方を紹介し，場の数学的な扱い方について丁寧に述べる．
《キーワード》 場，発散，回転，ガウスの発散定理，ストークスの回転定理

4.1 場とは何か

ニュートンの万有引力のアイディアには，遠い距離を隔てた地球と月の間に遠隔操作のような形で相互作用が働くことをどう理解してよいのか，という悩ましい問題がつきまとった．これを解決するには，月は地球が作り出す重力の場に置かれており，切れ目なくつながる力線に沿って力を受けるととらえれば「遠隔作用」というミステリアスな見方から解放される．これがファラデー[1]が電磁気学研究の中で創始した近接作用の考え方である．

図 4–1 は，ファラデーが示した磁力線の様子である．磁石の周辺には，磁石がないときには存在しなかった磁場が存在し，鉄粉をまくことによってその分布が一群の曲線として可視化できる．これが磁力線である．場の概念の導入は，近接作用としての力の伝わり方についてはっきりしたイメージを描き出した．そしてマックスウェル[2]は，ファラデーによる力線と近接作用の概念に数学的な表現を与えることで電磁気学の

1) Michael Faraday（1791–1867）
2) James Clerk Maxwell（1831–1879）

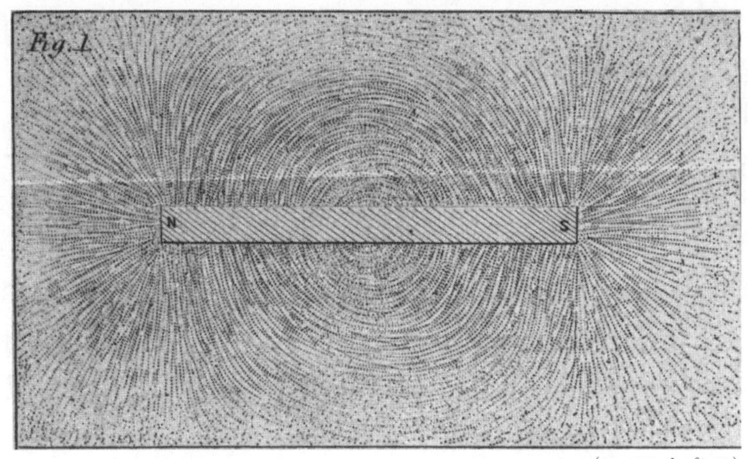

（ユニフォトプレス）

図 4–1　ファラデーによる磁力線のデモ

理論体系を築き上げた．ファラデーによる場と力線の発見は，ニュートン力学の建設以降に起きた最も重要な物理学上の発見であったといえる．本節では，場の概念とその表現方法について述べる．

(1)　スカラー場とベクトル場

ある物理量が位置ベクトルの関数として空間に分布しているとき，その空間には場が存在するという．具体的なイメージとして天気図を思い浮かべよう．ある瞬間の各地の気温は位置ベクトル $\boldsymbol{r}$ の関数として $T(\boldsymbol{r})$ と表される．こうして「気温の場」ができる．温度は大きさしかもたないスカラーなので，気温の場はスカラー場であるという．これに対して，ある瞬間の各地の風速も位置ベクトル $\boldsymbol{r}$ の関数として $\boldsymbol{v}(\boldsymbol{r})$ と表される．これは風速の場である．風速はベクトルなので，風速の場はベクトル場という．

スカラー場は単純だが，ベクトル場をイメージするには少し訓練が必要である．例えば，xy 平面上の位置ベクトルを $\boldsymbol{r} = (x, y)$ とし，ベクトル場 $\boldsymbol{v}(x, y) = (x, y)$ を考えよう[3]．例えば点 $(1, 0)$ では $x = 1$, $y = 0$ なので $\boldsymbol{v}(1, 0) = (1, 0)$ である．このとき，点 $(1, 0)$ を始点とするベクトル $(1, 0)$ を描く．同様に，$\boldsymbol{v}(1, 1) = (1, 1)$，$\boldsymbol{v}(0, 1) = (0, 1)$，$\boldsymbol{v}(-1, 0) = (-1, 0)$ などをそれぞれの点上に描く．すると，図 4–2(a) のようなベクトルの分布ができあがる．これがベクトル場である．もちろん，平面上の点 (x, y) は連続的に分布するのでベクトルの分布も連続的になる．その結果，矢印の流れを表す線の分布が得られる．ベクトルが力に対応する場合，これを力線という．

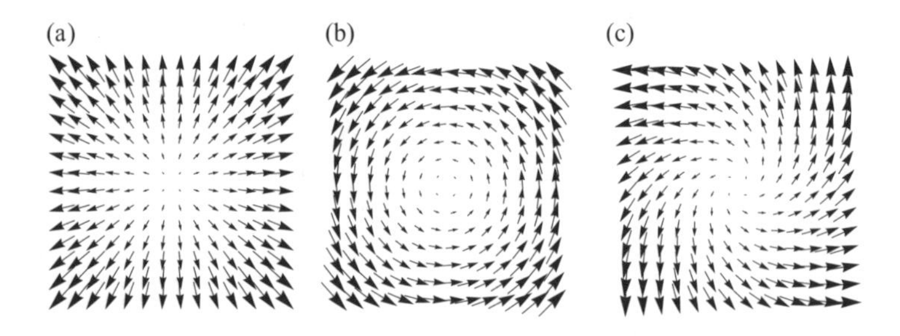

図 4–2　(a) 純粋発散型の場，(b) 純粋回転型の場，(c) 発散と回転をともにもつ場

4.2　ベクトル場の発散と回転

(1)　発散型か回転型か

源泉から水が湧き出して周囲に発散していく様子を思い浮かべよう．このとき，水の流れをベクトル場で表すと，力線は源泉を中心として周囲に発散するように分布するだろう．このタイプの場は発散型と呼ばれ

---

3)　ベクトルの成分表示を使って，$xe_x + ye_y$ を (x, y) と表している．

る．これに対して，台風のように渦を巻く風の流れをベクトル場で表すと，力線も渦を巻いて分布する．このタイプの場は**回転型**と呼ばれる．これらが重なり，“つむじ”のように発散しながら渦を巻くタイプのベクトル場を考えることもできる．

実は，あらゆるベクトル場は発散型か回転型かという観点で分類することができる．まずは，xy 平面上の次のベクトル場

$$\boldsymbol{v}_1(\boldsymbol{r}) = (x, y, 0) \tag{4.1}$$

$$\boldsymbol{v}_2(\boldsymbol{r}) = (-y, x, 0) \tag{4.2}$$

$$\boldsymbol{v}_3(\boldsymbol{r}) = \boldsymbol{v}_1(\boldsymbol{r}) + \boldsymbol{v}_2(\boldsymbol{r}) = (x - y, x + y, 0) \tag{4.3}$$

描いてみよう[4)]．図 4–2(a)〜(c) はこれらの場を描いたものである．しかし，発散，回転という言い方はまだ曖昧で，定量化できていない．ベクトル場の発散と回転を数学的に定義する必要がある．そして，これこそがベクトル場の解析の土台になる．

(2) ベクトル場の発散

ベクトル場の発散強度は，(2.17) で導入したナブラ演算子とベクトル場 $\boldsymbol{v} = v_x\boldsymbol{e}_x + v_y\boldsymbol{e}_y + v_z\boldsymbol{e}_z$ との内積

$$\begin{aligned}\nabla \cdot \boldsymbol{v} &= \left(\boldsymbol{e}_x\frac{\partial}{\partial x} + \boldsymbol{e}_y\frac{\partial}{\partial y} + \boldsymbol{e}_z\frac{\partial}{\partial z}\right) \cdot (v_x\boldsymbol{e}_x + v_y\boldsymbol{e}_y + v_z\boldsymbol{e}_z) \\ &= \frac{\partial v_x}{\partial x} + \frac{\partial v_y}{\partial y} + \frac{\partial v_z}{\partial z}\end{aligned} \tag{4.4}$$

で定義され，これをベクトル場 $\boldsymbol{v}$ の発散と呼ぶ．$\nabla \cdot \boldsymbol{v}$ は $\mathrm{div}\,\boldsymbol{v}$ とも書かれる．発散強度は，湧き出しの強さを表すスカラー量である．

4)　ここでは，ベクトル場の z 成分も 0 として明示してある．

(3) ベクトル場の回転

一方，ベクトル場の回転強度はナブラ演算子と $\boldsymbol{v}$ との外積

$$
\begin{aligned}
\boldsymbol{\nabla} \times \boldsymbol{v} &= \left(\boldsymbol{e}_x \frac{\partial}{\partial x} + \boldsymbol{e}_y \frac{\partial}{\partial y} + \boldsymbol{e}_z \frac{\partial}{\partial z} \right) \times (v_x \boldsymbol{e}_x + v_y \boldsymbol{e}_y + v_z \boldsymbol{e}_z) \\
&= \left(\frac{\partial v_z}{\partial y} - \frac{\partial v_y}{\partial z}, \frac{\partial v_x}{\partial z} - \frac{\partial v_z}{\partial x}, \frac{\partial v_y}{\partial x} - \frac{\partial v_x}{\partial y} \right) \qquad (4.5)
\end{aligned}
$$

で定義され[5)]，これをベクトル場 $\boldsymbol{v}$ の回転と呼ぶ[6)]．こちらはベクトル量であることに注意しよう．このベクトルの向きは，渦巻きの軸の向きに対応する．例えば (4.2) の場合，渦巻きの軸は z 軸方向を向くが，計算すると確かに $\boldsymbol{\nabla} \times \boldsymbol{v}_2 = (0, 0, 2)$ となっている．

例 4.1 (4.1)，(4.2)，(4.3) のベクトル場の発散と回転を計算してみよう．すると，

$$\boldsymbol{\nabla} \cdot \boldsymbol{v}_1 = 2, \quad \boldsymbol{\nabla} \times \boldsymbol{v}_1 = (0, 0, 0) \qquad (4.6)$$

$$\boldsymbol{\nabla} \cdot \boldsymbol{v}_2 = 0, \quad \boldsymbol{\nabla} \times \boldsymbol{v}_2 = (0, 0, 2) \qquad (4.7)$$

$$\boldsymbol{\nabla} \cdot \boldsymbol{v}_3 = 2, \quad \boldsymbol{\nabla} \times \boldsymbol{v}_3 = (0, 0, 2) \qquad (4.8)$$

となる．つまり，$\boldsymbol{v}_1$ は「発散あり，回転なし」，$\boldsymbol{v}_2$ は「発散なし，回転あり」，$\boldsymbol{v}_3$ は「発散あり，回転あり」となる．この結果と図 4–2 を見比べると，確かに $\boldsymbol{v}_1$ は湧き出しがあるものの回転している様子はない．$\boldsymbol{v}_2$ は回転しているが湧き出しはない．$\boldsymbol{v}_1$ のタイプは純粋発散型，$\boldsymbol{v}_2$ のタイプは純粋回転型と呼ばれる．これに対し，$\boldsymbol{v}_3$ は湧き出しも回転もある混合型である．$\boldsymbol{v}_3 = \boldsymbol{v}_1 + \boldsymbol{v}_2$ なので，このベクトル

---

5) 基底どうしの外積の定義，$\boldsymbol{e}_x \times \boldsymbol{e}_y = \boldsymbol{e}_z$，$\boldsymbol{e}_y \times \boldsymbol{e}_z = \boldsymbol{e}_x$，$\boldsymbol{e}_z \times \boldsymbol{e}_x = \boldsymbol{e}_y$ を使えば，$\boldsymbol{\nabla} \times \boldsymbol{v} = \left(\boldsymbol{e}_x \frac{\partial}{\partial x} + \boldsymbol{e}_y \frac{\partial}{\partial y} + \boldsymbol{e}_z \frac{\partial}{\partial z} \right) \times (v_x \boldsymbol{e}_x + v_y \boldsymbol{e}_y + v_z \boldsymbol{e}_z) = \boldsymbol{e}_x \times \boldsymbol{e}_y \frac{\partial v_y}{\partial x} + \boldsymbol{e}_x \times \boldsymbol{e}_z \frac{\partial v_z}{\partial x} + \boldsymbol{e}_y \times \boldsymbol{e}_x \frac{\partial v_x}{\partial y} + \boldsymbol{e}_y \times \boldsymbol{e}_z \frac{\partial v_z}{\partial y} + \boldsymbol{e}_z \times \boldsymbol{e}_x \frac{\partial v_x}{\partial z} + \boldsymbol{e}_z \times \boldsymbol{e}_y \frac{\partial v_y}{\partial z}$．ここで，$\boldsymbol{e}_x \times \boldsymbol{e}_y = -\boldsymbol{e}_x \times \boldsymbol{e}_y = \boldsymbol{e}_z$ などを使うと $\boldsymbol{\nabla} \times \boldsymbol{v} = \boldsymbol{e}_x \left(\frac{\partial v_z}{\partial y} - \frac{\partial v_y}{\partial z} \right) + \boldsymbol{e}_y \left(\frac{\partial v_x}{\partial z} - \frac{\partial v_z}{\partial x} \right) + \boldsymbol{e}_z \left(\frac{\partial v_y}{\partial x} - \frac{\partial v_x}{\partial y} \right)$ が得られる．

6) 「渦度」と呼ぶ場合もある．

場は純粋発散型と純粋回転型の重ね合わせとして表されていることがわかる．

実は，任意のベクトル場は純粋発散型と純粋回転型のベクトル場に分解することができる．この分解可能性を保証してくれるのがヘルムホルツの定理である．この定理のおかげで，ベクトル場を発散と回転という観点でとらえきることができる．

後々役に立つベクトル場の微分に関する，特に重要な3つの公式を列挙しておく．

ϕ を任意のスカラー場，$\boldsymbol{a}$ を任意のベクトル場とする．

$$\boldsymbol{\nabla} \times (\boldsymbol{\nabla}\phi) = 0 \tag{4.9}$$

$$\boldsymbol{\nabla} \cdot (\boldsymbol{\nabla} \times \boldsymbol{a}) = 0 \tag{4.10}$$

$$\boldsymbol{\nabla} \times (\boldsymbol{\nabla} \times \boldsymbol{a}) = \boldsymbol{\nabla}(\boldsymbol{\nabla} \cdot \boldsymbol{a}) - \triangle \boldsymbol{a} \tag{4.11}$$

ここで

$$\triangle = \frac{\partial^2}{\partial x^2} + \frac{\partial^2}{\partial y^2} + \frac{\partial^2}{\partial z^2} \tag{4.12}$$

は2次の微分演算子で，ラプラス演算子と呼ばれる．

例**4.2**　(4.9)～(4.10) を証明しておこう．

$$\boldsymbol{v} = \boldsymbol{\nabla}\phi = \boldsymbol{e}_x \frac{\partial \phi}{\partial x} + \boldsymbol{e}_y \frac{\partial \phi}{\partial y} + \boldsymbol{e}_z \frac{\partial \phi}{\partial z}$$

とおくと，$\boldsymbol{\nabla} \times (\boldsymbol{\nabla}\phi)$ の x 成分は

$$\frac{\partial v_z}{\partial y} - \frac{\partial v_y}{\partial z} = \frac{\partial}{\partial y}\left(\frac{\partial \phi}{\partial z}\right) - \frac{\partial}{\partial z}\left(\frac{\partial \phi}{\partial y}\right) = \frac{\partial^2 \phi}{\partial y \partial z} - \frac{\partial^2 \phi}{\partial z \partial y} = 0$$

である．ここで 2 階偏微分の操作が順序によらないこと：

$$\frac{\partial^2 \phi}{\partial y \partial z} = \frac{\partial^2 \phi}{\partial z \partial y} \tag{4.13}$$

を使った．y，z 成分についても同様に計算でき，(4.9) が示せる．

次に，$\boldsymbol{\nabla} \times \boldsymbol{a}$ の x 成分を $(\boldsymbol{\nabla} \times \boldsymbol{a})_x$ と書くと，

$$\begin{aligned}
&\boldsymbol{\nabla} \cdot (\boldsymbol{\nabla} \times \boldsymbol{a}) \\
&= \frac{\partial}{\partial x}(\boldsymbol{\nabla} \times \boldsymbol{a})_x + \frac{\partial}{\partial y}(\boldsymbol{\nabla} \times \boldsymbol{a})_y + \frac{\partial}{\partial z}(\boldsymbol{\nabla} \times \boldsymbol{a})_z \\
&= \frac{\partial}{\partial x}\left(\frac{\partial a_z}{\partial y} - \frac{\partial a_y}{\partial z}\right) + \frac{\partial}{\partial y}\left(\frac{\partial a_x}{\partial z} - \frac{\partial a_z}{\partial x}\right) + \frac{\partial}{\partial z}\left(\frac{\partial a_y}{\partial x} - \frac{\partial a_z}{\partial y}\right) \\
&= \left(\frac{\partial^2 a_z}{\partial x \partial y} - \frac{\partial^2 a_y}{\partial x \partial z}\right) + \left(\frac{\partial^2 a_x}{\partial y \partial z} - \frac{\partial^2 a_z}{\partial y \partial x}\right) + \left(\frac{\partial^2 a_y}{\partial z \partial x} - \frac{\partial^2 a_z}{\partial z \partial y}\right) \\
&= 0
\end{aligned}$$

よって (4.10) が示せた．

最後に (4.11) の両辺の各成分が等しいことを示す．右辺の x 成分は

$$\begin{aligned}
&\frac{\partial}{\partial x}\left(\frac{\partial a_x}{\partial x} + \frac{\partial a_y}{\partial y} + \frac{\partial a_z}{\partial z}\right) - \left(\frac{\partial^2}{\partial x^2} + \frac{\partial^2}{\partial y^2} + \frac{\partial^2}{\partial z^2}\right) a_x \\
&= \frac{\partial}{\partial x}\left(\frac{\partial a_y}{\partial y} + \frac{\partial a_z}{\partial z}\right) - \left(\frac{\partial^2}{\partial y^2} + \frac{\partial^2}{\partial z^2}\right) a_x \\
&\underset{\text{項の並べ替え}}{=\!=\!=\!=} \left(\frac{\partial^2 a_y}{\partial x \partial y} - \frac{\partial^2 a_x}{\partial y^2}\right) - \left(\frac{\partial^2 a_x}{\partial z^2} - \frac{\partial^2 a_z}{\partial x \partial z}\right)
\end{aligned}$$

一方左辺の x 成分は

$$
\begin{aligned}
&\frac{\partial}{\partial y}(\boldsymbol{\nabla}\times\boldsymbol{a})_z-\frac{\partial}{\partial z}(\boldsymbol{\nabla}\times\boldsymbol{a})_y\\
&=\frac{\partial}{\partial y}\left(\frac{\partial a_y}{\partial x}-\frac{\partial a_x}{\partial y}\right)-\frac{\partial}{\partial z}\left(\frac{\partial a_x}{\partial z}-\frac{\partial a_z}{\partial x}\right)\\
&=\left(\frac{\partial^2 a_y}{\partial y\partial x}-\frac{\partial^2 a_x}{\partial y^2}\right)-\left(\frac{\partial^2 a_x}{\partial z^2}-\frac{\partial^2 a_z}{\partial z\partial x}\right)
\end{aligned}
$$

(4.13) に注意すると両辺が等しいことがわかる．y，z 成分についても同様に計算でき，(4.11) が示せる．

4.3　ガウスの定理とストークスの定理

(1)　発散を積分法則としてとらえる（ガウスの定理）

ホースの先から水が飛び散る様子を思い浮かべ，周囲の点 $\boldsymbol{r}$ での水の流速分布 $\boldsymbol{v}(\boldsymbol{r})$ を考えよう．このとき，$\boldsymbol{\nabla}\cdot\boldsymbol{v}$ はホース先端の各点での湧き出しの強度に対応する．次に，ホースの先端を金網か何かでぐるっと取り囲んで閉じた面を作り，この面を貫く水流の総量を考えよう．すると先端で湧き出した分だけが面から外へ出ていくことになる．表面を通過する流れの総量を，フラックス（束）と呼ぶ．フラックスは内部での発散強度で決まる．

面を貫くフラックスを明確に定義しよう．まず，面積 S の平らな網を思い浮かべよう．この網を単位時間に通過する水の量を，流れの向きを含めて $\boldsymbol{v}$[リットル/秒] としよう．このとき，網の面に垂直な法線ベクトルを $\boldsymbol{n}$ とすれば，網を貫く水流は $\boldsymbol{v}\cdot\boldsymbol{n}S$ となる．網と流速が平行なら，網を貫くフラックスはゼロである．この場合 $\boldsymbol{v}\perp\boldsymbol{n}$ なので，確かに $\boldsymbol{v}\cdot\boldsymbol{n}S=0$ である．

次に，図 4–3 のように，空間に閉じた（つまり穴のあいていない）曲面 $\mathcal{S}$ をとる．曲面の内部を領域 $\mathcal{D}$ とすれば，$\mathcal{S}$ はその表面というこ

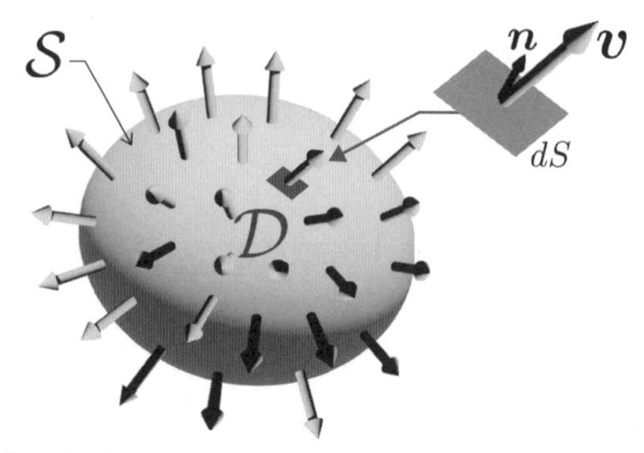

図 4–3 領域 $\mathcal{D}$ と表面 $\mathcal{S}$，および表面を貫くベクトル場 表面の微小領域（面積 dS）は平面とみなせる．

となる．次に，曲面 $\mathcal{S}$ を微小な領域（パッチ）に分割する．各パッチを際限なく細かくとると，1 つのパッチは平面とみなすことができる（微分発想）．パッチの面積を dS とすれば，パッチを貫くフラックスは $\boldsymbol{v}\cdot\boldsymbol{n}dS$ である．ただし，法線ベクトルは面 $\mathcal{S}$ の内側から外側へ向かう向きにとる．さらに $\boldsymbol{n}dS = d\boldsymbol{S}$ と書き，これを**面積要素ベクトル**と呼ぶ．すると，面 $\mathcal{S}$ 全体を貫くフラックスは，微小フラックス $\boldsymbol{v}\cdot\boldsymbol{n}dS = \boldsymbol{v}\cdot d\boldsymbol{S}$ を積算（つまり積分）することで

$$\text{面 }\mathcal{S}\text{ を貫くフラックス}：\Phi = \int_{\mathcal{S}} \boldsymbol{v}\cdot d\boldsymbol{S} \tag{4.14}$$

と書ける[7]．このタイプの積分は**面積分**と呼ばれる．

次に，$\boldsymbol{\nabla}\cdot\boldsymbol{v}$ が単位体積当たりの湧き出し量，つまり湧き出しの密度を表していることをみよう．このために，図 4–4 のように x 軸方向を向く流れの中に辺の長さが dx，dy，dz の微小な直方体を置いてみる．

すると，$x+dx$ に位置する面の面積要素ベクトルは $\boldsymbol{e}_x dydz$，さらに x に位置する面の面積要素ベクトルは $-\boldsymbol{e}_x dydz$ なので，両面から流れ

7）これは面についての積分（面積分）なので，積分記号を 2 本書いて $\iint_{\mathcal{S}} \boldsymbol{v}\cdot d\boldsymbol{S}$ と表すこともある．

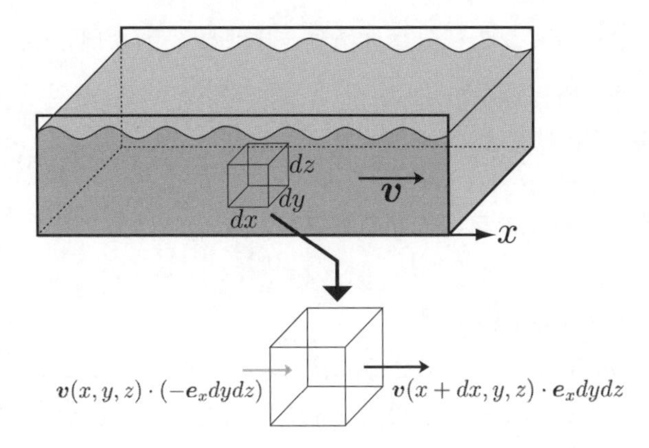

図 4–4　ガウスの発散定理を理解するための概念図

出すフラックスは

$$\boldsymbol{v}(x+dx,y,z)\cdot\boldsymbol{e}_x dydz+\boldsymbol{v}(x,y,z)\cdot(-\boldsymbol{e}_x dydz)$$
$$=\left[v_x(x+dx,y,z)-v_x(x,y,z)\right]dydz=\frac{\partial v_x}{\partial x}dxdydz \tag{4.15}$$

となる．流れが任意の向きをもつ場合（$\boldsymbol{v}=v_x\boldsymbol{e}_x+v_y\boldsymbol{e}_y+v_z\boldsymbol{e}_z$），直方体の 6 面全体から流れ出すフラックスは

$$\frac{\partial v_x}{\partial x}dxdydz+\frac{\partial v_y}{\partial y}dxdydz+\frac{\partial v_z}{\partial z}dxdydz=(\boldsymbol{\nabla}\cdot\boldsymbol{v})\,dxdydz \tag{4.16}$$

である．微小直方体の体積 $dV=dxdydz$ は体積要素と呼ばれる．これより，$\boldsymbol{\nabla}\cdot\boldsymbol{v}$ が確かに湧き出しの密度を表していることが理解できる．広がりのある面 $\mathcal{S}$ を貫くフラックスが，$\mathcal{S}$ に囲まれた領域内部（これを $\mathcal{D}$ と書く）に分布する湧き出しの総量は，微小直方体内部での湧き出しを積算して

$$\text{面 }\mathcal{S}\text{ を貫くフラックス}:\Phi=\int_{\mathcal{D}}(\boldsymbol{\nabla}\cdot\boldsymbol{v})\,dV \tag{4.17}$$

と書ける．このタイプの積分は体積分と呼ばれる．(4.14)，(4.17) より，

$$\int_{\mathcal{S}} \boldsymbol{v} \cdot d\boldsymbol{S} = \int_{\mathcal{D}} (\boldsymbol{\nabla} \cdot \boldsymbol{v})\, dV \tag{4.18}$$

が得られる．これがガウスの発散定理である．

(2) ストークスの回転定理

今度は，“流れるプール”のように閉じたループに沿って水が流れている様子を思い浮かべよう．この場合水流は循環しているから，ループの各点での渦度 $\boldsymbol{\nabla} \times \boldsymbol{v}$ はゼロではなくなる．そこで，ループ全体に沿った循環の強さを問題にしよう．

図 4–5 のように，流れに沿ってループ $\mathcal{C}$ をとる．このとき，ループの正の向きを決めておこう．ループの向きは好きに選んで構わない．そして，ループをその微小な線分に分割する（微分発想）．各線分を際限なく細かくとると，各素片は無限小の長さ dr をもつ微小線分とみなすことができる．さらに，微小線分の位置で，ループの正の向きに単位ベクトル（接線ベクトル）$\boldsymbol{t}$ をとろう．$d\boldsymbol{r} = \boldsymbol{t}dr$ を線要素ベクトル呼ぶ．

そして，$\boldsymbol{v} \cdot d\boldsymbol{r}$ をループ $\mathcal{C}$ 全体に沿って積算した量を循環と呼ぶ．つまり，

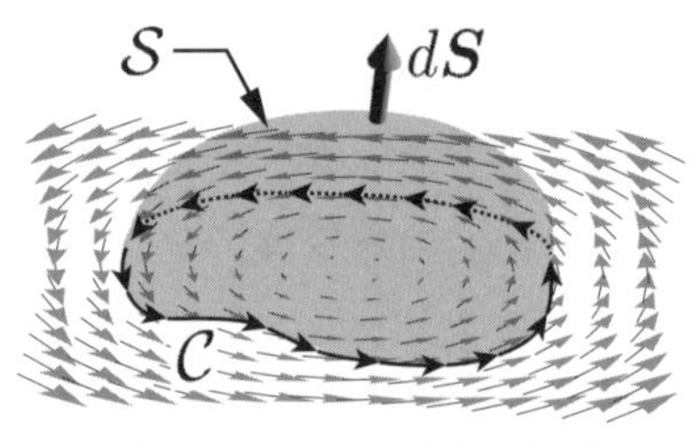

図 4–5 ループ $\mathcal{C}$ を縁とする面 $\mathcal{S}$

$$\text{ループ } \mathcal{C} \text{ に沿う循環}：\Gamma = \oint_{\mathcal{C}} \boldsymbol{v} \cdot d\boldsymbol{r} \tag{4.19}$$

である．積分記号 $\oint_{\mathcal{C}}$ は，ループに沿ってぐるっと一周積分（周回積分）することを意味する．

次に，渦度 $\boldsymbol{\nabla} \times \boldsymbol{v}$ が単位面積当たりの循環を表していることをみよう．このために，図 4–6 のように xy 平面に平行な面内に辺の長さが dx，dy の微小な長方形を置いてみる．すると，$x + dx$ に位置する辺に沿う循環は $\boldsymbol{v}(x + dx, y, z) \cdot \boldsymbol{e}_y dy$ のように書ける．結局，長方形の 4 辺に沿う循環は

$$\begin{aligned}
&\boldsymbol{v}(x + dx, y, z) \cdot \boldsymbol{e}_y dy + \boldsymbol{v}(x, y, z) \cdot (-\boldsymbol{e}_y dy) \\
&\qquad\qquad + \boldsymbol{v}(x, y, z) \cdot \boldsymbol{e}_x dx + \boldsymbol{v}(x, y + dy, z) \cdot (-\boldsymbol{e}_x dx) \\
&= [v_y(x{+}dx, y, z) - v_y(x, y, z)]\, dy - [v_x(x, y{+}dy, z) - v_x(x, y, z)]\, dx \\
&= \left(\frac{\partial v_y}{\partial x} - \frac{\partial v_x}{\partial y} \right) dx dy
\end{aligned} \tag{4.20}$$

となる．

ここで，この長方形の内部を $\mathcal{S}$ とし，対応する面積要素ベクトルを

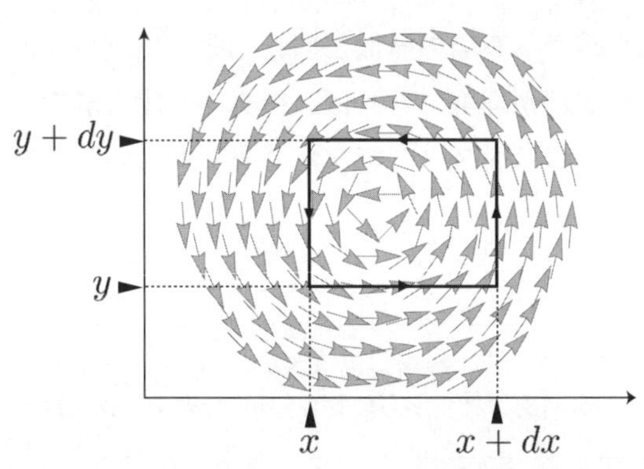

図 4–6　微小長方形に沿って渦度を計算する

dS とする．ただし，dS の向きは以下のように取り決める．ループに沿って正の向きに歩くとき，必ず進行方向左手にdSが立っているように見えることというルールである[8]．つまりループの正の向きとループに囲まれた面の法線の向きをリンクさせるのである．

今の場合は $d\boldsymbol{S} = \boldsymbol{e}_z dS$ である．このとき，(4.20) の結果が

$$\left(\frac{\partial v_y}{\partial x} - \frac{\partial v_x}{\partial y}\right) dxdy = (\boldsymbol{\nabla} \times \boldsymbol{v}) \cdot d\boldsymbol{S} \tag{4.21}$$

と書き直せることに気づくだろう．これより，渦度 $\boldsymbol{\nabla} \times \boldsymbol{v}$ が確かに単位面積当たりの循環を表していることがわかる．有限のループ $\mathcal{C}$ に沿う循環は，$\mathcal{S}$ 上での循環の総量として

$$\text{ループ } \mathcal{C} \text{ に沿う循環}:\Gamma = \int_{\mathcal{S}} (\boldsymbol{\nabla} \times \boldsymbol{v}) \cdot d\boldsymbol{S} \tag{4.22}$$

と書ける．(4.20)，(4.22) より，

$$\oint_{\mathcal{C}} \boldsymbol{v} \cdot d\boldsymbol{r} = \int_{\mathcal{S}} (\boldsymbol{\nabla} \times \boldsymbol{v}) \cdot d\boldsymbol{S} \tag{4.23}$$

が得られる．これがストークスの回転定理である．

本章に現れたベクトル場の発散と回転，そしてガウスの発散定理とストークスの回転定理が理解できれば，ベクトル場の解析（ベクトル解析と呼ばれる）の基礎はマスターできたと思ってよい．

参考文献

[1] 岸根順一郎・松井哲男『初歩からの物理』（放送大学教育振興会，2022 年）

8) 同じことを以下のように表現することもできる．$\mathcal{S}$ 上に右ネジの皿を置く．そして，ネジ皿を $\mathcal{C}$ に押し付けながら $\mathcal{C}$ の正の向きに滑らずに回していく．このとき，ネジが進む向きが法線の正の向きである．インターネットで「Orientability」というキーワードで調べてみるとよい．

5 電場と磁場

岸根順一郎

《目標＆ポイント》 電場と磁場はともにベクトル場なので，それぞれが純粋発散型と純粋回転型に分類できる．これら 4 通りの電場と磁場がどのように生み出されるかを記述するには 4 つの基本方程式が必要となる．これがマックスウェル方程式である．電場と磁場を生み出す源泉が時間変化しない場合，電場も磁場も時間変化しない．これらを静電場，静磁場という．本章では，電磁場の理論の中で最も基本的な静電場の法則を扱う．
《キーワード》 ローレンツの力，電場，磁場，クーロン電場，ガウスの法則

マックスウェルが生まれ育ったスコットランドの古都エディンバラは，今も中世の雰囲気が漂う街である．市内中心部，中央駅近くの広場にマックスウェルの像が立っており，その台座にはマックスウェル方程式が刻まれている（図 5–1）．

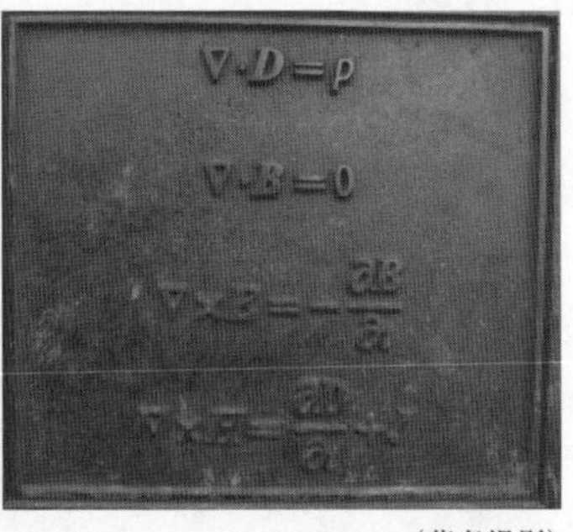

（著者撮影）

図 5–1 エジンバラ（スコットランド）新市街にあるマックスウェルの像とマックスウェル方程式を刻んだ銘板

マックスウェル方程式は，18 世紀後半から 19 世紀前半にかけての間に，クーロン，キャベンディッシュ，エールステズ，アンペール，ビオ，サバール，そしてファラデーらの実験研究の成果が数学的な骨格を得て結晶化したものであり，古典物理学の最高到達点といえる．具体的には，電場と磁場の発散と回転がそれぞれどのように生み出されるかを語る法則であり，マックスウェル方程式としてまとめられる（図 5–2)．本章と次章では，その具体的な内容について詳しく検討していく．

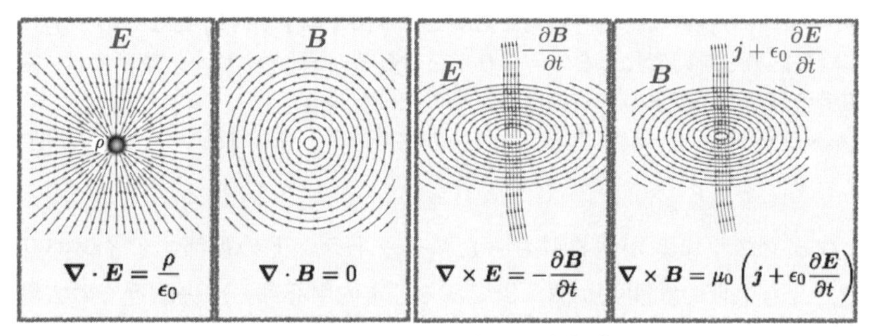

図 5-2　マックスウェル方程式

5.1　電場と磁場

(1)　電場と磁場をどう定義するのか

物理学における場の定義は，力によって場を測るという一言に尽きる．物理学の出発点は，あくまで力と運動なのである．いま，ある慣性系に電荷（試験電荷）q を持ち込む．電荷は速度 $\boldsymbol{v}$ で運動しているとしよう．このとき，

試験電荷に作用する力は

$$\boldsymbol{F}=q\left(\boldsymbol{E}+\boldsymbol{v}\times\boldsymbol{B}\right) \tag{5.1}$$

で決まる．これがローレンツの力である．

ただし，この試験電荷自体が測定しようとする電場や磁場に影響を与えないために，q を十分小さくしておく必要がある．

例 5.1　一様磁場 $\boldsymbol{B} = (0, 0, B_0)$ が存在する空間で，時刻 $t = 0$ に原点を速度 $\boldsymbol{v}_0 = v_0 \boldsymbol{e}_y$ で入射した荷電粒子（質量 m，電荷 q）の軌跡を求めてみよう．運動方程式

$$m\frac{d\boldsymbol{v}}{dt} = q\boldsymbol{v} \times \boldsymbol{B} \tag{5.2}$$

の両辺と v との内積をとると $\frac{1}{2}m\boldsymbol{v}^2 = $ 一定が得られる．つまり磁場は仕事をしない(粒子の運動エネルギーを変化させる能力がない)．これより $\boldsymbol{v}^2 = v_0^2$ がいえる．次に (5.2) の右辺は $q\frac{d\boldsymbol{r}}{dt} \times \boldsymbol{B} = \frac{d}{dt}(q\boldsymbol{r} \times \boldsymbol{B})$ と書き換えられるので，$m\boldsymbol{v} - q\boldsymbol{r} \times \boldsymbol{B} = m\boldsymbol{v}_0$ (一定) であることがわかる．つまり $\boldsymbol{v} = \frac{q}{m}\boldsymbol{r} \times \boldsymbol{B} + \boldsymbol{v}_0$．ここで，$\boldsymbol{r} \times \boldsymbol{B} = (B_0 y, -B_0 x, 0)$，$\boldsymbol{v}_0 = (0, v_0, 0)$ に注意して成分ごとに書くと

$$v_x = \frac{qB_0}{m}y, \qquad v_y = -\frac{qB_0}{m}x + v_0 \tag{5.3}$$

である．これらを辺々 2 乗して加えると

$$\left(x - \frac{mv_0}{qB_0}\right)^2 + y^2 = \left(\frac{mv_0}{qB_0}\right)^2 \tag{5.4}$$

という軌跡の方程式が得られる．これは，$\left(\frac{mv_0}{qB_0}, 0\right)$ を中心とする半径 $r = \frac{mv_0}{qB_0}$ の円の方程式だ．こうして，一様磁場に垂直入射した荷電粒子は等速円運動することがわかる．

(2) 発散型か回転型か

電場も磁場もベクトル場だ．ヘルムホルツの定理によれば電場も磁場も必ず発散型か回転型に分解できるはずである．電磁場の基本法則であるマックスウェル方程式は，まさにこれら4つのタイプの電磁場がいかに生み出されるかを示す法則である．発散型の電場は $\boldsymbol{\nabla}\cdot\boldsymbol{E}$，回転型の電場は $\boldsymbol{\nabla}\times\boldsymbol{E}$，発散型の磁場は $\boldsymbol{\nabla}\cdot\boldsymbol{B}$，回転型の磁場は $\boldsymbol{\nabla}\times\boldsymbol{B}$ をもつ．そこで，これらの発散，回転を生み出す源泉が何かが問題になる．その源泉が場を生み出し，力線に沿って遠方まで力を伝える．これがファラデーによって確立された近接作用の考え方である．私たちはこれまでに場の数学的な表現方法を一通り学んだ．この問いの答えを理解する準備は完了している．

結論を先に述べると，

$\boldsymbol{\nabla}\cdot\boldsymbol{E}$ は電荷が作る (5.5)

$\boldsymbol{\nabla}\times\boldsymbol{E}$ は時間変化する磁場が作る (5.6)

$\boldsymbol{\nabla}\cdot\boldsymbol{B}$ は必ずゼロである (5.7)

$\boldsymbol{\nabla}\times\boldsymbol{B}$ は電流および時間変化する電場が作る (5.8)

となる．

(3) 電荷保存則（ストックとフロー）

電磁気学の根源的な出発点は，正と負の電荷が存在すること，そして電荷は不生不滅であるという事実を受け入れることだ．

電荷の起源は，陽子のもつ正の電荷 $+e$ と，電子のもつ負の電荷 $-e$ に求める．$e = 1.602176565 \times 10^{-19}\mathrm{C}$ は素電荷と呼ばれる．

電荷が不生不滅であるということは，ある領域 D 内での電荷（これを

「ストック」と呼ぶことにする）が減ったとすれば，その減り分は $\mathcal{D}$ の境界 $\mathcal{S}$ を通して内から外へ流出する電荷（これを「フロー」と呼ぶことにする）に等しくなくてはならない．この事実を宣言する方程式が**電荷保存則**だ．この法則を数学的に表現してみよう．まず単位体積当たりの電荷，つまり電荷密度を ρ で表すことにする．ρ は位置 $\boldsymbol{r}$ と時間 t の関数であることに注意しよう．すると，$\mathcal{D}$ 内部の電荷の総量は

$$Q = \int_{\mathcal{D}} \rho dV \tag{5.9}$$

と書ける．

次に，境界を通しての電荷の流出を考える．電荷の流出とはつまり，電荷が電流として外へ出ていくということである．密度 ρ の電荷が速度 $\boldsymbol{v}$ で流れるとき，

$$\boldsymbol{j} = \rho \boldsymbol{v} \tag{5.10}$$

を**電流密度**と呼ぶ．$\boldsymbol{j}$ が面積要素ベクトル $d\boldsymbol{S}$ の微小面を貫くとき，この面を単位時間当たりに通過する電荷の量，つまり電荷のフラックス $\boldsymbol{j} \cdot d\boldsymbol{S} = \rho \boldsymbol{v} \cdot d\boldsymbol{S}$ を**電流**と呼ぶのである．すると，境界 $\mathcal{S}$ を単位時間当たり通過する全電流は

$$I = \int_{\mathcal{S}} \boldsymbol{j} \cdot d\boldsymbol{S} \tag{5.11}$$

となる．電流の単位は C/s で，これを A（アンペア）で表す．

電荷保存則とは，Q が減少する時間変化率 $\left(-\dfrac{dQ}{dt}\right)$ がそのまま流出する電流 I に等しいことを主張する法則だ．つまり

$$I = -\frac{dQ}{dt} \tag{5.12}$$

これに (5.9)，(5.11) の形を代入すると

$$\int_{\mathcal{S}} \boldsymbol{j} \cdot d\boldsymbol{S} = -\frac{d}{dt}\left(\int_{\mathcal{D}} \rho dV\right) \tag{5.13}$$

と表すことができる．これが電荷保存則の積分形である．

もう一歩踏み込もう．ガウスの定理 (4.18) を使うと左辺は $\int_{\mathcal{S}} \boldsymbol{j}\cdot d\boldsymbol{S} = \int_{\mathcal{D}} (\boldsymbol{\nabla} \cdot \boldsymbol{j})\, dV$ と書き直せる．次に右辺において，微分の操作を積分の内側に入れ込むにはどうすればよいだろう．この際，積分記号の内側にある ρ はあくまで位置 $\boldsymbol{r}$ と時間 t の関数であることに注意しよう．だからこれを時間でのみ微分する際，微分の記号を偏微分記号に変えなくてはならない．つまり

$$\frac{d}{dt}\left(\int_{\mathcal{D}} \rho dV\right) = \int_{\mathcal{D}} \left(\frac{\partial \rho}{\partial t}\right) dV \tag{5.14}$$

以上より，(5.13) を

$$\int_{\mathcal{D}} (\boldsymbol{\nabla} \cdot \boldsymbol{j})\, dV = -\int_{\mathcal{D}} \left(\frac{\partial \rho}{\partial t}\right) dV \tag{5.15}$$

と書き直すことができる．この式の両辺を見比べると，共通の領域 $\mathcal{D}$ 内での体積分の形をしている．ところが領域 $\mathcal{D}$ は任意にとることができる．これは，積分する前の両辺の微小量どうしが等しいことを意味する．つまり

電荷保存則の微分形

$$\boldsymbol{\nabla} \cdot \boldsymbol{j} = -\frac{\partial \rho}{\partial t} \tag{5.16}$$

が得られる．電荷保存則は，囲まれた領域内部のストックが減った分だ

け外へフローする，ということを表現するきわめて基本的な関係式だ．電荷に限らず，全体として保存される量が連続的に変化する現象に際して普遍的に成り立つ法則である．

5.2　クーロン電場

(1)　電荷とクーロン電場

$\nabla \cdot \boldsymbol{E}$ についての法則から始めよう．電荷の分布が空間に静止している場合，周囲の空間には電場ができる．正の電荷は湧き出し型の電場を，負の電荷は吸い込み型の電場を生み出す[1)]．電荷の分布は電場の発散 $\nabla \cdot \boldsymbol{E}$ を生み出す源泉である．

出発点は，2 つの電荷の間に作用する静電気力を記述するクーロンの法則である．位置ベクトル $\boldsymbol{y}$ の点に点電荷 Q が置かれたとする．このとき，位置ベクトル $\boldsymbol{x}$ の点に置かれた試験電荷 q が受ける力は

$$\boldsymbol{F}(\boldsymbol{x}) = \frac{qQ}{4\pi\epsilon_0}\left(\frac{\boldsymbol{x}-\boldsymbol{y}}{|\boldsymbol{x}-\boldsymbol{y}|^3}\right) \tag{5.17}$$

となる．図 5–3 をよくにらんで，各点の位置関係をしっかり把握していただきたい．本章では，場の源泉点を $\boldsymbol{y}$，場を検出する点を $\boldsymbol{x}$ で表す．この表し方は，万有引力をベクトルとして表した式 (2.27) と同様であ

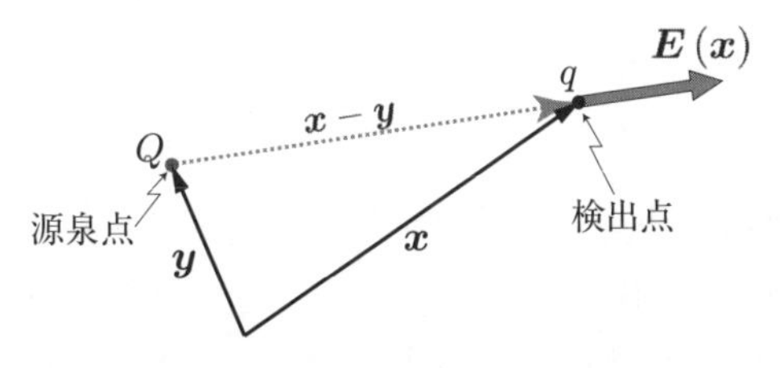

図 5–3　電場の源泉点と検出点

1)　ベクトル場の発散 $\nabla \cdot \boldsymbol{E}$ が正なら湧き出し型，負なら吸い込み型になる．

る[2)]．ここで ϵ_0 は真空の誘電率と呼ばれ，国際単位系（SI）では真空中の光速 $c = 299792458\,\mathrm{m/s}$ を使って $1/(4\pi\epsilon_0) = c^2 \times 10^{-7}$ と定められる．いま，試験電荷は静止（$\boldsymbol{v} = \boldsymbol{0}$）しているから，(5.1) より電場は

$$\boldsymbol{E}(\boldsymbol{x}) = \frac{\boldsymbol{F}(\boldsymbol{x})}{q} = \frac{Q}{4\pi\epsilon_0}\left(\frac{\boldsymbol{x}-\boldsymbol{y}}{|\boldsymbol{x}-\boldsymbol{y}|^3}\right) \tag{5.18}$$

となる．この電場は，クーロンの法則に従う電場なので**クーロン電場**と呼ばれる．

今度は荷電粒子の集まりを考えよう．i 番目の電荷 Q_i の位置を $\boldsymbol{y}_i$ とすれば[3)]，これらが位置 $\boldsymbol{x}$ に作る電場は，個々の粒子が作る電場の和（重ね合わせ）として

$$\boldsymbol{E}(\boldsymbol{x}) = \frac{1}{4\pi\epsilon_0}\sum_i Q_i\left(\frac{\boldsymbol{x}-\boldsymbol{y}_i}{|\boldsymbol{x}-\boldsymbol{y}_i|^3}\right) \tag{5.19}$$

と書ける．さらに電荷が領域 $\mathcal{D}$ 内部に連続分布している場合は，電荷密度 $\rho(\boldsymbol{y})$ を導入し，Q_i を $\rho(\boldsymbol{y})\,dV$ で，和を体積分で置き換えることで

$$\boldsymbol{E}(\boldsymbol{x}) = \frac{1}{4\pi\epsilon_0}\int_{\mathcal{D}}\rho(\boldsymbol{y})\left(\frac{\boldsymbol{x}-\boldsymbol{y}}{|\boldsymbol{x}-\boldsymbol{y}|^3}\right)dV \tag{5.20}$$

となる．

(2) 静電ポテンシャル

さて，ここでポテンシャルと保存力の関係 (2.19) を思い出そう．**静電ポテンシャル**（**電位**あるいは**クーロンポテンシャル**とも呼ばれる）

$$\phi(\boldsymbol{x}) = \frac{Q}{4\pi\epsilon_0}\frac{1}{|\boldsymbol{x}-\boldsymbol{y}|} \tag{5.21}$$

---

2)　$\boldsymbol{r} = \boldsymbol{x} - \boldsymbol{y}$ と置き換えればよい．

3)　離散的な和から連続的な積分への移行を記号的に書けば，$Q_i \to \rho dV$，$\sum_i \to \int$ となる．

を導入すると，クーロン電場 (5.18) が

$$\boldsymbol{E}(\boldsymbol{x}) = -\boldsymbol{\nabla}\phi(\boldsymbol{x}) \tag{5.22}$$

で与えられることがわかる．電荷が連続分布している場合は，

$$\phi(\boldsymbol{x}) = \frac{1}{4\pi\epsilon_0}\int_{\mathcal{D}} \frac{\rho(\boldsymbol{y})}{|\boldsymbol{x}-\boldsymbol{y}|}dV \tag{5.23}$$

と置けば，(5.22) より (5.20) が導かれる．

静電ポテンシャルの概念はポアソン（1812 年）によるもので，ポテンシャルという用語はグリーン（1828 年）によって提唱された．しかし，ϕ が電圧つまり電位差と結びつくことはすぐには認識されなかった．

例 5.2　図 5–4 のように，半径 a の円板に面密度 σ で電荷が一様分布している場合に，円板の中心軸上で中心から距離 z の点 P での電場を求めよう．点 P でのポテンシャルは

$$\begin{aligned}\phi &= \frac{1}{4\pi\varepsilon_0}\int_0^{2\pi}\int_0^a \frac{\sigma r dr d\varphi}{\sqrt{r^2+z^2}} = \frac{\sigma}{2\varepsilon_0}\int_0^a \frac{rdr}{\sqrt{r^2+z^2}} \\ &= \frac{\sigma}{2\varepsilon_0}\left[\sqrt{r^2+z^2}\right]_0^a = \frac{\sigma}{2\varepsilon_0}\left(\sqrt{a^2+z^2}-z\right)\end{aligned} \tag{5.24}$$

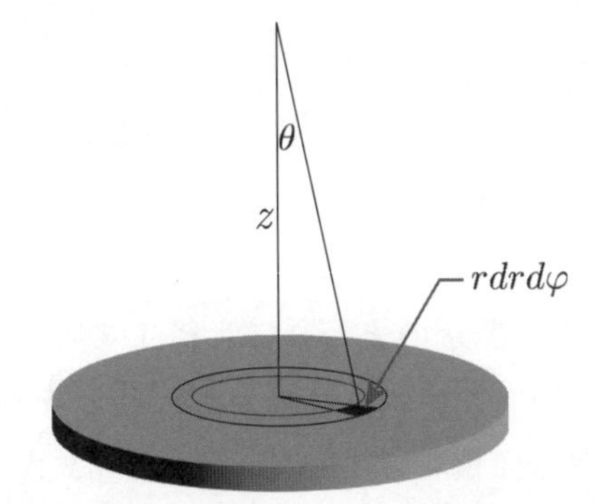

図 5–4　円板状の電荷分布と極座標による分割

と計算できる（この積分計算は，3.3 節での円板の慣性モーメントの計算と全く同様である）．これより

$$\begin{aligned} \boldsymbol{E} = -\boldsymbol{\nabla}\phi &= -\frac{\sigma}{2\varepsilon_0}\boldsymbol{\nabla}\left(\sqrt{a^2+z^2}-z\right) \\ &= \frac{\sigma}{2\varepsilon_0}\left(1-\frac{z}{\sqrt{a^2+z^2}}\right)\hat{\boldsymbol{e}}_z \\ &= \frac{\sigma}{2\varepsilon_0}(1-\cos\theta)\,\hat{\boldsymbol{e}}_z \end{aligned} \tag{5.25}$$

が得られる．$\boldsymbol{e}_z$ は円板に垂直な単位ベクトル（法単位ベクトル）である．円板が無限に広い場合，$\theta = \pi/2$ と置けるので

$$\boldsymbol{E} = \frac{\sigma}{2\varepsilon_0}\hat{\boldsymbol{e}}_z \tag{5.26}$$

となる．

（3） ガウスの法則：積分形

電荷が電場の発散を生み出すことをみるために，電場のフラックス Φ_E を考える．点電荷 Q を含む領域 $\mathcal{D}$ をとると，その表面 $\mathcal{S}$ を貫くフラックスは，(4.14) に従って

$$\Phi_E = \int_{\mathcal{S}} \boldsymbol{E}(\boldsymbol{x})\cdot d\boldsymbol{S} = \frac{Q}{4\pi\epsilon_0}\int_{\mathcal{S}}\left(\frac{\boldsymbol{x}-\boldsymbol{y}}{|\boldsymbol{x}-\boldsymbol{y}|^3}\right)\cdot d\boldsymbol{S} \tag{5.27}$$

で与えられる．右辺に現れた積分を処理するため，**立体角**というものを導入する．

図 5–5 のように，点 $\boldsymbol{y}$ のまわりに半径 1 の球面（単位球面）を描く．そして，$\mathcal{S}$ 上の面積要素を底面とし，点 $\boldsymbol{y}$ を頂点とする錐面が，単位球面を切り取る面積を $d\Omega$ とし，これを dS が見込む**立体角**と呼ぶ．$\boldsymbol{x}-\boldsymbol{y}$ と $d\boldsymbol{S}$ のなす角を θ とすると，相似比と面積比の関係から

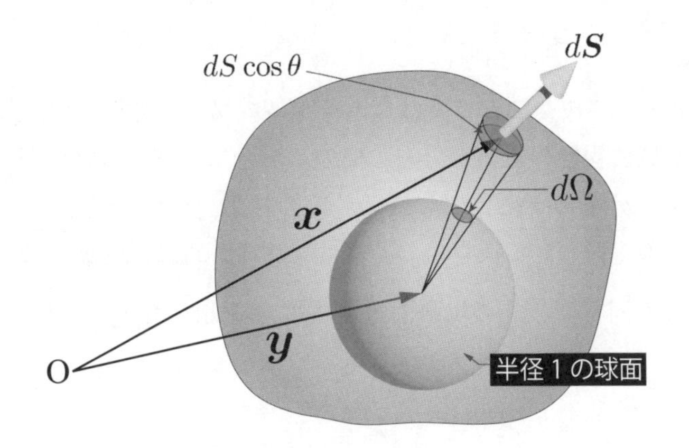

図 5–5　立体角 $d\Omega$ を理解するための図

$dS\cos\theta = |\boldsymbol{x}-\boldsymbol{y}|^2\, d\Omega$ である．これより，

$$\int_{\mathcal{S}} \left(\frac{\boldsymbol{x}-\boldsymbol{y}}{|\boldsymbol{x}-\boldsymbol{y}|^3} \right) \cdot d\boldsymbol{S} = \int_{\mathcal{S}} \frac{dS\cos\theta}{|\boldsymbol{x}-\boldsymbol{y}|^2} = \int_{\mathcal{S}_1} d\Omega = 4\pi \tag{5.28}$$

という関係が得られる．$\mathcal{S}_1$ は，図 5–5 に示した半径 1 の球面を意味する．

ここで，クーロンの「逆 2 乗則」に由来する $|\boldsymbol{x}-\boldsymbol{y}|^2$ が，$dS\cos\theta$ と $d\Omega$ の面積比に由来する $|\boldsymbol{x}-\boldsymbol{y}|^2$ と見事に打ち消しあうことに注意しよう．前者は力の法則であり，後者は幾何学的な性質である．ここに，逆 2 乗則に従う力は面積比と打ち消しあうという重要な事実が明らかになる．私たちの宇宙を形成する最も重要な 2 つの力である万有引力とクーロン力が，ともに逆 2 乗則に従うという事実は神秘的ですらある．

(5.27) において面 $\mathcal{S}$ 上をくまなく覆うと，対応する立体角 $d\Omega$ は単位球面を覆う．単位球面の表面積は 4π だから，$\displaystyle\int d\Omega = 4\pi$ である．これより，

$$\int_{\mathcal{S}} \boldsymbol{E}(\boldsymbol{x}) \cdot d\boldsymbol{S} = \frac{Q}{\epsilon_0} \tag{5.29}$$

が得られる．さて，ここまでは点電荷 1 個の場合を考えたが，面 $\mathcal{S}$ で囲まれる領域に複数の電荷が分布している場合は，個々の電荷が作る電場の和が $\boldsymbol{E}(\boldsymbol{x})$ を与えることになる．この結果，単に (5.29) の右辺の Q がこれらの電荷の和に置き換わるだけである．電荷が連続的に分布している場合も同様だ．その場合，電荷密度 ρ を用いて $Q = \int_{\mathcal{D}} \rho dV$ と表せばすむ．こうして，(5.29) は

$$\int_{\mathcal{S}} \boldsymbol{E} \cdot d\boldsymbol{S} = \frac{1}{\epsilon_0} \int_{\mathcal{D}} \rho dV \tag{5.30}$$

と一般化される．クーロンの法則から導き出されたこの法則は，**ガウスの法則の積分形**と呼ばれる

例 5.3　ガウスの法則の積分形は，対称性のよい電荷分布の場合には実用できる．例として，落雷と稲妻について考えよう．稲妻は，雷雲から大地へ伸びた電荷の柱が周囲に作る電場が空気の絶縁破壊電場 $(E_{\text{破壊}} = 3 \times 10^6\ \mathrm{N/C})$ を超えた場合に発生する．電荷の柱は無限に長い直線状の電荷分布であると仮定し，典型的な線電荷密度として $\lambda = 1.0 \times 10^{-3}\mathrm{C/m}$ をとる．この様子を図 5–6 に示す．このとき，稲妻の半径（つまり電荷の柱による電場が絶縁破壊電場を超える領域の半径）を見積もってみよう．(5.30) で面積分を実行する面 $\mathcal{S}$（ガウス面と呼ばれる）として，電荷の柱を中心軸とする半径 r，高さ L の円柱面上での電場 E を考えよう．無限に長い直線状の電荷分布による電気力線は，この円筒面を垂直に貫く．これより (5.30) を具体的に書き下すことができ，$2\pi rLE = \lambda L/\varepsilon_0$ つまり

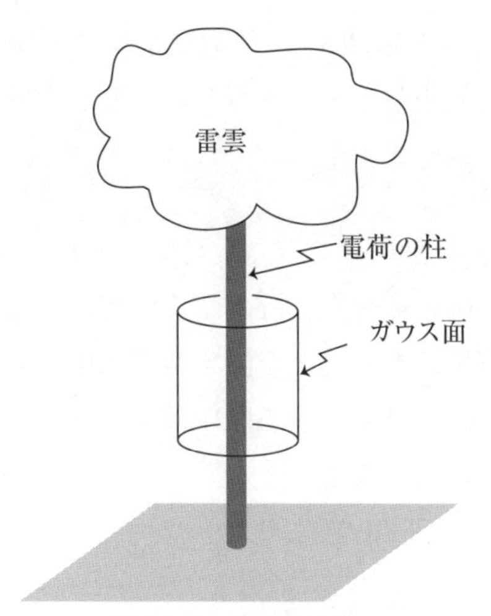

図 5–6　雷のモデル

$$E = \frac{\lambda}{2\pi\varepsilon_0 r}$$

が得られる．これより E が $E_{破壊}$ に達する距離を

$$r = \frac{\lambda}{2\pi\varepsilon_0 E_{破壊}} \doteqdot 6\,\mathrm{m}$$

と見積もることができる．これより，雷の柱の太さは約 6 m となる．

（4） ガウスの法則：微分形

ガウスの定理 (4.18) を使うと左辺は $\int_{\mathcal{S}} \boldsymbol{E} \cdot d\boldsymbol{S} = \int_{\mathcal{D}} (\boldsymbol{\nabla} \cdot \boldsymbol{E})\, dV$ と書き直すことができる．つまり

$$\int_{\mathcal{D}} (\boldsymbol{\nabla} \cdot \boldsymbol{E})\, dV = \frac{1}{\epsilon_0} \int_{\mathcal{D}} \rho dV \tag{5.31}$$

となる．この式の両辺を見比べると，共通の領域 $\mathcal{D}$ 内での体積分の形

をしている．ところが領域 D は任意に選ぶことができる．これは，積分する前の両辺の微小量どうしが等しいことを意味する．つまり

$$\nabla \cdot \boldsymbol{E} = \frac{\rho}{\epsilon_0} \tag{5.32}$$

これをガウスの法則の微分形と呼ぶ．この関係式は，電場の発散を生み出す源泉は電荷密度であることを表す基本法則であり，電荷密度が時間変化する場合にも拡張できる．(5.32) はマックスウェル方程式の 1 つとして組み込まれることになる．

さらに (5.22) および (4.9) より

$$\nabla \times \boldsymbol{E} = -\nabla \times (\nabla \phi) = 0 \tag{5.33}$$

となることが確認できる．クーロン電場が，確かに純粋発散型のベクトル場であることが納得できる．

参考文献

[1] 岸根順一郎・松井哲男『初歩からの物理』（放送大学教育振興会，2022 年）

6 マックスウェル方程式

岸根順一郎

《目標&ポイント》 本章ではまず，電流が磁場を生み出すことを紹介する．次に電場と磁場の源泉が時間変化する場合に進む．電荷が不生不滅であるという事実（電荷保存則）を守るために，磁場の時間変化が電場を生む（ファラデーの法則）だけでなく，電場の時間変化があたかも電流のように磁場の源泉となることを要請する必要がある．この要請は，マックスウェルが理論的に導入した変位電流の項として，磁場の法則に組み込まれる．こうして電磁場の基本法則であるマックスウェル方程式4本が完成する．本章では，その内容を解説する．

《キーワード》 定常電流，ビオ-サバールの法則，アンペールの法則，電磁誘導，誘導電場，変位電流，マックスウェル方程式

6.1 電流と磁場

(1) 定常電流

1800年頃まで，実験室で連続的に電流を作り出す方法は存在しなかった．1800年にヴォルタが電池（ボルタの電堆）を発明したことで，安定した電流を使った実験が可能になった．そして1820年には，エールステズ，アンペール，ビオ，サバールらによって電流が磁気を生み出すしくみが集中的に解明されることとなる．

まず，電流とは何かを考えておこう．出発点は電荷保存則である．電荷保存則によれば電荷は不生不滅なので，閉じた領域内部の電荷密度と，境界を通して出入りする電流密度の関係 (5.16) は厳格に守られる．

いま，電荷のストックは変化せず，フローだけがある場合を考えよう．このような電荷の流れを定常電流と呼ぶ．電荷密度の変化がないため ($\partial\rho/\partial t = 0$)，(5.16) は

$$\nabla \cdot \boldsymbol{j} = 0 \tag{6.1}$$

となる．電荷密度が不変である，ということは電流に湧き出しや沈み込みがないということだ．導線の断面をある瞬間に通過した電気量は次の瞬間にも補充され，断面に電荷が溜まることはない．こうして次から次へと永続的に電荷が流れることで定常的な流れが実現する．

(2) アンペールの法則

アンペールは 1820 年，平行な 2 本の導線に電流を流したとき，電流の向きが互いに同じなら引力，反対なら斥力が働くことを発見した．その後，彼は電流間相互作用の数学的表現を探求した．その結果は，ベクトルの外積を考案したグラスマンによって現在の形に整備された．内容は以下の通りである．

2 本の導線 1，2 にそれぞれ電流 I_1，I_2 が流れているとする．そして，それぞれの導線に沿って微小な線要素ベクトル $d\boldsymbol{x}$，$d\boldsymbol{y}$ をとる．それぞれの線要素の位置ベクトルを $\boldsymbol{x}$，$\boldsymbol{y}$ とし，$\boldsymbol{r} = \boldsymbol{x} - \boldsymbol{y}$ とおくと，素片 $d\boldsymbol{y}$ が作る磁場から，素片 $d\boldsymbol{x}$ が受ける力は

$$d\boldsymbol{F} = \frac{\mu_0}{4\pi} I_1 d\boldsymbol{x} \times \left(I_2 d\boldsymbol{y} \times \frac{\boldsymbol{r}}{r^3} \right) \tag{6.2}$$

で与えられる[1)]．$\mu_0 = 4\pi \times 10^{-7}\mathrm{N/A^2}$ は真空の透磁率である．各ベクトルの間の関係を図 6–1 に示す．$d\boldsymbol{y} \times \boldsymbol{r}$ は紙面に垂直にこちらから向

1)　この式の右辺は 2 次の微小量なので，$d\boldsymbol{F}$ ではなく $d^2\boldsymbol{F}$ と書くのがより適切である．また，$\boldsymbol{a} \times (\boldsymbol{b} \times \boldsymbol{c})$ は，$\boldsymbol{a}$ と $\boldsymbol{b} \times \boldsymbol{c}$ に対して，ともに垂直であることに注意せよ．

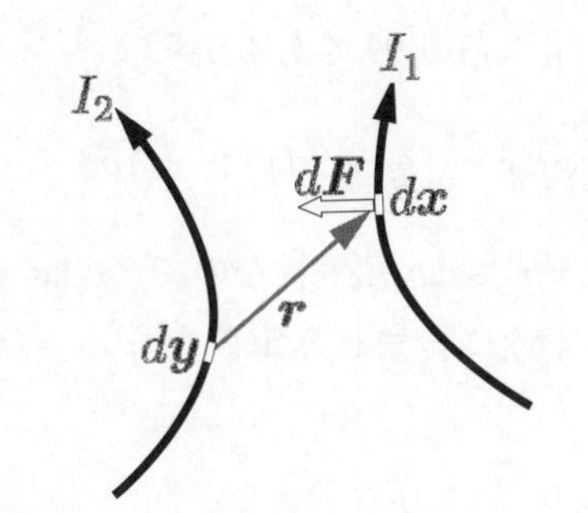

図 6–1　式 (6.2) に現れる各ベクトル

こうへと向くベクトルであり，$d\boldsymbol{x} \times (d\boldsymbol{y} \times \boldsymbol{r})$ は $d\boldsymbol{x}$ から $d\boldsymbol{y} \times \boldsymbol{r}$ に向けて右ねじの皿を回したときにねじが進む向きである．この向きが図中の $d\boldsymbol{F}$ の向きである．この法則を理解するには，この「3 つのベクトルから作られる外積ベクトルの向き」を正しく把握することが何より大切だ（ここで混乱する人がとても多い）．また，この式は $d\boldsymbol{y}$ の部分が作る磁場が，$d\boldsymbol{x}$ の部分に及ぼす力の式である．どこが場の源泉で，どの位置での力を考えているのかを正しく把握することもきわめて重要だ（この部分でも混乱する人が多い．電磁場の法則は混乱するポイントがいくつかある）．

この結果から，向きが同じ電流間には引力が働くことがわかる．ここで課題を出しておく．素片 $d\boldsymbol{x}$ が作る磁場から，素片 $d\boldsymbol{y}$ が受ける力はどうなるか？ この力は $d\boldsymbol{F}$ と作用・反作用の関係にあるだろうか？ もしないとすると，これは作用反作用の法則に矛盾するのだろうか？ このパラドックスはどう解けるのだろうか？

(3)　ビオ-サバールの法則

導線内部の電子の密度を n，電子の平均速度を $\boldsymbol{v}$，導線の断面積を S

とします．すると，$I_1 = envdS$ であるから

$$I_1 d\boldsymbol{x} = (-e)\, nvSd\boldsymbol{x} = (-enSdx)\, \boldsymbol{v} = q\boldsymbol{v} \tag{6.3}$$

が成り立つ．ここで，$\boldsymbol{v}$ と $d\boldsymbol{x}$ は平行なので，$vd\boldsymbol{x} = \boldsymbol{v}dx$ であることを使った．また，線要素内に含まれる電荷を $q = -enSdx$ とおいた．こうして，(6.2) を

$$d\boldsymbol{F} = q\boldsymbol{v} \times \left(\frac{\mu_0 I_2}{4\pi} d\boldsymbol{y} \times \frac{\boldsymbol{r}}{r^3} \right) \tag{6.4}$$

と書き直すことができる．これは，運動する電荷が受ける力によって磁場を定義する式 [(5.1) の右辺第 2 項] に他ならない．こうして，以下にまとめるビオ-サバールの法則に到達する．

電流 I に沿う線要素 $d\boldsymbol{y}$ が位置 $\boldsymbol{x}$ に作る微小磁場は

$$d\boldsymbol{B}\,(\boldsymbol{x}) = \frac{\mu_0 I}{4\pi} d\boldsymbol{y} \times \frac{\boldsymbol{r}}{r^3} \tag{6.5}$$

である．

ここで，式に一般性をもたせるため I_2 を単に I と書いた．

(6.5) は微小な点状電流が作る磁場である．導線を流れる電流の全体が作る磁場はこれを積分することで得られる．$\boldsymbol{r} = \boldsymbol{x} - \boldsymbol{y}$ とあらわに書くと

$$\boldsymbol{B}\,(\boldsymbol{x}) = \frac{\mu_0 I}{4\pi} \int d\boldsymbol{y} \times \left(\frac{\boldsymbol{x} - \boldsymbol{y}}{|\boldsymbol{x} - \boldsymbol{y}|^3} \right) \tag{6.6}$$

となる．この式は電流が作る磁場を求める際の基本公式であるが，電磁気学を初めて学ぶ方にとっては難所のひとつである．この法則を使いこ

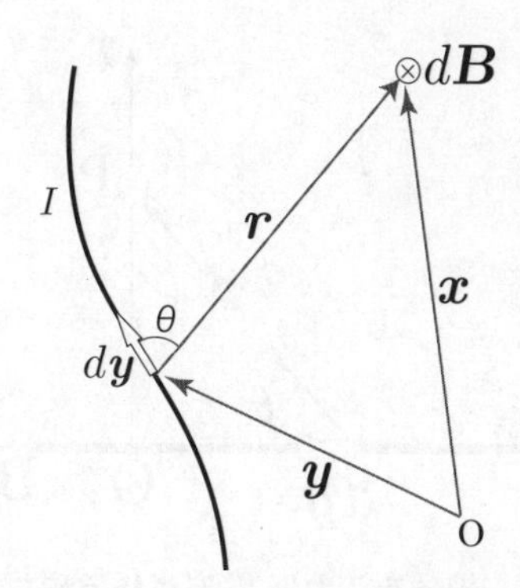

図 6–2　ビオ-サバールの法則に現れる各ベクトルの配置

なすには，図 6–2 に示すように，$\boldsymbol{y}$が磁場を生み出す源泉点, $\boldsymbol{x}$が磁場を検出する測定点であることをよく理解することだ．また，線要素ベクトル $d\boldsymbol{y}$ を含む外積が現れており，その向きを正確に把握する必要がある．具体例を取り上げよう．

例 6.1　長い導線を数か所で折り曲げると，いくつかの線分がつながった導線ができる．その 1 つが作る磁場を計算してみよう．この計算は，(6.6) を使いこなすうえでぜひともマスターしたいものである．図 6–3 のように，線分の 1 つとして y 軸上に線分 AB をとり，xy 平面上で線分から距離 R 離れた点 P での磁場を計算しよう．点 P から y 軸に下ろした垂線の足を原点 O とする．

出発点は (6.5) である．まずは $d\boldsymbol{y} \times \boldsymbol{r}$ の向きを見定める．$d\boldsymbol{y}$，$\boldsymbol{r}$ はともに xy 面内のベクトルだから，$d\boldsymbol{y} \times \boldsymbol{r}$ が紙面を手前から向こう側へ垂直に貫く向きをもつことがすぐにわかるだろう．次は $d\boldsymbol{B}$ の大きさである．$d\boldsymbol{y}$ と $\boldsymbol{r}$ のなす角を θ とすれば，(6.5) より

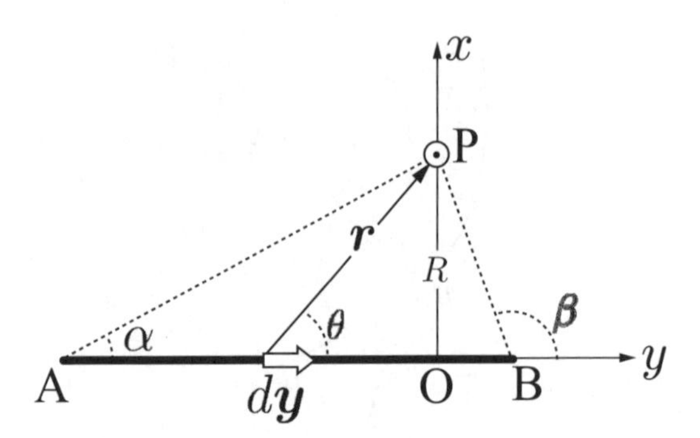

図 6–3　線分を流れる電流が作る磁場を求める

$$dB = \frac{\mu_0 I}{4\pi} \frac{\sin\theta dy}{r^2} \tag{6.7}$$

が得られる．これを線分に沿って積分すれば点 P での磁場の大きさが求められる．$r = R/\sin\theta$，$y = -R/\tan\theta$ に気づけば，積分変数を θ に統一することができる．$dy = Rd\theta/\sin^2\theta$ だから

$$dB = \frac{\mu_0 I}{4\pi} \frac{\sin\theta\left(Rd\theta/\sin^2\theta\right)}{\left(R/\sin\theta\right)^2} = \frac{\mu_0 I}{4\pi R}\sin\theta d\theta \tag{6.8}$$

となる．積分区間は図 6–3 の α から β までだから，最終結果として

$$B = \frac{\mu_0 I}{4\pi R}\int_\alpha^\beta \sin\theta d\theta = \frac{\mu_0 I}{4\pi R}\left(\cos\alpha - \cos\beta\right) \tag{6.9}$$

が得られる．

導線が無限に長い場合の極限は，この結果で $\alpha = 0$，$\beta = \pi$ とおくことで

$$B = \frac{\mu_0 I}{2\pi R} \tag{6.10}$$

となる．

（4）アンペールの法則

ビオ-サバールの法則は電流素片が作る微小磁場についての微分型の法則である．これに対して，アンペールの法則と呼ばれる積分型の法則がある．これらは互いに整合している．導線に定常電流 I が流れているとき，この電流を取り囲む閉じた経路（ループ）$\mathcal{C}$ をとると

$$\oint_{\mathcal{C}} \boldsymbol{B} \cdot d\boldsymbol{r} = \mu_0 \underbrace{\int_{\mathcal{S}} \boldsymbol{j} \cdot d\boldsymbol{S}}_{I} \tag{6.11}$$

が成り立つ．これがアンペールの法則である．ここで，図 6–4 のように $\mathcal{C}$ を縁とする面 $\mathcal{S}$ を考え，この面を貫く電流 I が (5.11) で与えられることを使った．

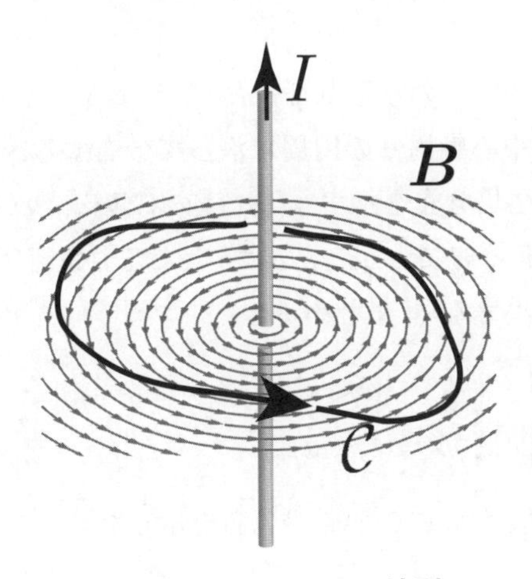

図 6–4　アンペールの法則

例 6.2　半径 a の円柱状の長い導線に電流 I が流れている．導線内部の電流密度の分布は一様であるとする．このとき円柱の中心軸から距離 r の点での磁場を求めよう．対称性より磁場の強さ B は r だ

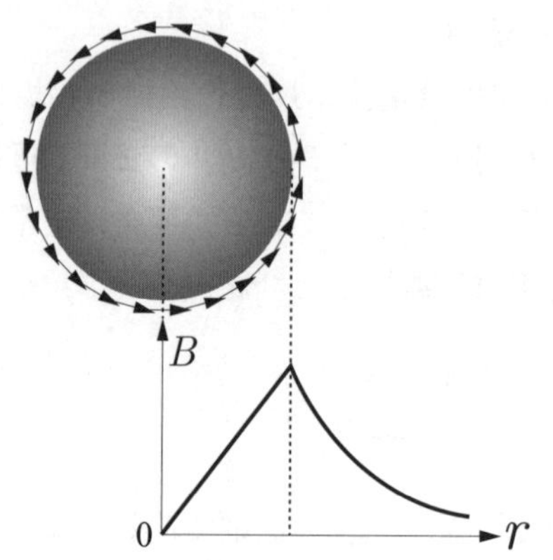

図 6–5　一様な電流分布による磁場
電流は紙面向こうからこちらへ流れている．

けで決まり，(6.11) の左辺は $2\pi r B(r)$ となる．また，磁場は円柱に垂直な面内で中心軸周りの円周に沿って分布する．図 6–5 に，円柱のすぐ外側の磁場分布を示す．(6.11) の右辺については，$r > a$ では $\mu_0 I$ であり，$r < a$ では $\mu_0 (r/a)^2 I$ となる（電流密度が一様だから面積比だけで決まる）．まとめると

$$B(r) = \begin{cases} \frac{\mu_0 I}{2\pi r} & (a < r) \\ \frac{\mu_0 I}{2\pi a^2} r & (r < a) \end{cases}$$

が得られる．図 6–5 にこの磁場分布を示した．

(6.11) の左辺に対してストークスの定理を適用すると

$$\int_S \nabla \times \boldsymbol{B} \cdot d\boldsymbol{S} = \mu_0 \int_S \boldsymbol{j} \cdot d\boldsymbol{S} \tag{6.12}$$

であるが，これが電流を取り囲むループを縁とする任意の面について成り立つので

$$\nabla \times \boldsymbol{B} = \mu_0 \boldsymbol{j} \tag{6.13}$$

がいえる．これは微分型の法則であり，アンペールの法則の微分形と呼ばれる．

ところで，電場の法則 (5.32) は電荷密度が時間変化する（非定常の）場合にも拡張することができた．ところが，(6.13) を非定常電流の場合に拡張しようとすると途端に矛盾が生じる．この問題は 6.3 節で解決される．

6.2　誘導電場

(1) ファラデーの法則

ファラデーは軟鉄のリングの二組のコイルを巻き付け，一方のコイルを電池に，他方のコイルには検流計をつないだ．そして，電池を接続している間検流計は振れないが，接続をつけたり切ったりする瞬間だけ検流計が振れることを見出した．1831 年 8 月 29 日，電磁誘導の発見である．これを契機に，ファラデーは矢継ぎ早に重要な発見をする．そして，「一方のコイルの電流が変化する場合」,「一方のコイルに電流を流した状態で 2 つのコイルを相対的に動かした場合」,「1 つのコイルに磁石を出し入れする場合」の 3 通りの方法で電磁誘導が生じることを確認した．

ファラデーの発見を今日の言葉で表すと，磁場のフラックスが時間変化すると純粋回転型の電場が生じるということだ．図 4–5 のように，空間に磁場を囲む[2)] ループ $\mathcal{C}$ を考え，正の向きを決める．次に $\mathcal{C}$ を縁とする面 $\mathcal{S}$ を考える．面 $\mathcal{S}$ の法線ベクトルの正の向きは，ストークスの定理を説明した際のルールに従えば一意的に決まる．これで数学的な舞

2)　「刈り取る」という言い方のほうがわかりやすいだろう．

台設定が完了である[3]．次に面 S を貫く磁束（磁場のフラックス）を，(5.27) と同様

$$\Phi_B = \int_S \boldsymbol{B} \cdot d\boldsymbol{S} \tag{6.14}$$

で定義する．この磁束が時間変化すると，ループ $\mathcal{C}$ に沿って回転型の電場 $\boldsymbol{E}$ が誘導される．これを**誘導電場**と呼ぶ．回転の強さは縁 $\mathcal{C}$ に沿う電場 $\boldsymbol{E}$ の循環

$$V_{\mathrm{emf}} = \oint_{\mathcal{C}} \boldsymbol{E} \cdot d\boldsymbol{x} \tag{6.15}$$

で表される．一般に，電場を空間の 2 点間で線積分したものを起電力と呼ぶ．ファラデーの法則によって生じる起電力は**誘導起電力**と呼ばれ，磁束の時間変化率と

$$V_{\mathrm{emf}} = -\frac{d\Phi_B}{dt} \tag{6.16}$$

のように結びつく．これが**ファラデーの法則**（あるいは**電磁誘導の法則**）である．フラックスルールと呼ぶこともある．

(6.16) の右辺にマイナス符号がついているが，これは法線の正の向きに磁場が増大すると，誘導電場がループの負の向きに流れることを意味する．つまり，電流がループの負の向きに流れ，磁場の増大を打ち消そうとするのである．この，「磁場の変化を打ち消す向きに誘導電場が生じる」という見方は**レンツの法則**と呼ばれる．

(6.16) に (6.14)，(6.15) の積分形をそのまま代入すると

$$\oint_{\mathcal{C}} \boldsymbol{E} \cdot d\boldsymbol{x} = -\frac{d}{dt}\left(\int_S \boldsymbol{B} \cdot d\boldsymbol{S}\right) \tag{6.17}$$

となる．左辺は，ストークスの定理を使って $\int_S \boldsymbol{\nabla} \times \boldsymbol{E} \cdot d\boldsymbol{S}$ と書き直

3) ファラデーの法則を正しく使うコツは，この数学的設定（ループの正の向きと法線の正の向きの関係）をきちんと把握することである．この向きを間違えると，必然的に誘導電場の向きも間違えることになる．

せる．また，右辺の微分については式 (5.14) のように偏微分に変えたうえで積分の中に入れ込むことができる．最後に，面 $\mathcal{S}$ は任意に選べるので

$$\boldsymbol{\nabla} \times \boldsymbol{E} = -\frac{\partial \boldsymbol{B}}{\partial t} \tag{6.18}$$

に到達する．この導出法は，電荷保存則の積分形 (5.13) から微分形 (5.16) を導いたロジックと全く同様である．これがファラデーの法則の微分形である．つまり，磁束密度 $\boldsymbol{B}$ の時間変化が電場の回転 $\boldsymbol{\nabla} \times \boldsymbol{E}$ を生み出す．

(2) 電磁誘導と電気文明

ファラデーが電磁誘導を発見した 1831 年 8 月 29 日は「電気工学の誕生日」と呼ばれる．この発見がきっかけで，人類は交流発電機や変圧器を手に入れ，電気エネルギー革命が起こった．現代の私たちが使い慣れた IH 調理器具や電車の電磁ブレーキ，エレキギターのピックアップコイルやマイクロフォンなど，電磁誘導を使った装置がたくさんある．また，非接触型 IC カードにも電磁誘導が使われ，IC を起動させるためにはカード内部に埋め込まれた導線コイルに誘導起電力を発生させる必要がある．現代の電気文明は，電磁誘導なしには語れない[4)]．

6.3 マックスウェル方程式

(1) マックスウェルの変位電流

6.1 節で，(6.13) を非定常電流の場合に拡張しようとすると矛盾が生じることを指摘した．その矛盾を克服することで，マックスウェル方程式を完成させることができる．

---

4) 電磁誘導の応用については，参考文献 [2] 第 9 章を参照．

(6.13) の両辺の発散をとると，(4.10) より恒等的に

$$\nabla \cdot (\nabla \times \boldsymbol{B}) = 0 \tag{6.19}$$

が成り立つ．ということは，(6.13) より $\nabla \cdot \boldsymbol{j} = 0$ が必ず成り立つことになる．これは定常電流の定義そのものだから，定常電流が作る磁場についてはこれで問題ない．しかし，電流密度が時間変化する場合にも (6.13) を受け入れると $\nabla \cdot \boldsymbol{j} = 0$ は電荷保存則 (5.16) と対立する．なぜなら，$\partial\rho/\partial t = 0$ となって電荷の時間変化を認めないというおかしな結果に至るからだ．この矛盾点を解決するのが，マックスウェルによって 1861 年に導入された**変位電流**である[5]．ガウスの法則 (5.32) から得られる $\rho = \epsilon_0 \nabla \cdot \boldsymbol{E}$ を (5.16) に代入すると

$$\nabla \cdot \boldsymbol{j} + \frac{\partial \rho}{\partial t} = \nabla \cdot \boldsymbol{j} + \frac{\partial}{\partial t}(\epsilon_0 \nabla \cdot \boldsymbol{E}) = \nabla \cdot \left(\boldsymbol{j} + \epsilon_0 \frac{\partial \boldsymbol{E}}{\partial t} \right) = 0 \tag{6.20}$$

が得られる．これより，

$$\boldsymbol{j} \longrightarrow \boldsymbol{j} + \epsilon_0 \frac{\partial \boldsymbol{E}}{\partial t} \tag{6.21}$$

と拡張すれば電荷保存則を救えることがわかる．つまり，(6.13) を

$$\nabla \times \boldsymbol{B} = \mu_0 \left(\boldsymbol{j} + \epsilon_0 \frac{\partial \boldsymbol{E}}{\partial t} \right) \tag{6.22}$$

と修正することで数学的な恒等式 (6.19) と電荷保存則 (5.16) をどちらも救済できるのである．これがアンペール-マックスウェルの法則としてマックスウェル方程式に組み込まれる基本法則となる．

(6.22) の右辺に現れた $\epsilon_0 \partial \boldsymbol{E}/\partial t$ の意味は何だろう．括弧の中で $\boldsymbol{j}$ と並んで足し合わせることができているのだから，これは電流密度と同じ次元をもつはずだ．次元が同じ物理量どうしは類似の意味をもつ．そこ

---

5) ただし，マックスウェル自身は電荷保存則に基づいて考察したわけではない．真空を満たすエーテルなる媒質の変位として変位電流を導入した．もちろん今日では，エーテルの存在は否定されている．

で $\epsilon_0 \partial \boldsymbol{E}/\partial t$ は，変位電流密度と呼ぶに相応しいことがわかる．変位電流という用語はマックスウェルが導入したものであるが，これは物理的な電荷が流れる文字通りの電流とは別物である．逆に，電荷の流れが存在しない真空中であっても，電場の時間変化が磁場の源泉となることを明言するものである．この事実は，磁場の時間変化が電場を生み出すこと（ファラデーの法則）と対をなしている．電場と磁場の対称な関係を表すといってもよい．

(2) 磁場の発散（モノポールの不在）

残るは発散型磁場についての法則であるが，自然界の磁場は発散をもたない，つまり

$$\boldsymbol{\nabla} \cdot \boldsymbol{B} = 0 \tag{6.23}$$

となることがわかっている．電場には純粋発散型（クーロン電場）と純粋回転型（誘導電場）があったが，磁場は回転型だけしかないのである．(6.23) を (5.32) と見比べると，電荷密度に対応する磁荷密度なるものが自然界に存在しないことが主張されている．これは，プラスの磁荷（N 極）とマイナスの磁荷（S 極）が必ずペアになって打ち消しあっており，それぞれが単体として存在することはないということである．この，NS いずれかの磁荷の単体は単磁極（モノポール）と呼ばれる．(6.23) は，（いまのところ）自然界にモノポールが存在しないことを主張する法則である．

(3) マックスウェル方程式

電磁場の基本法則であるマックスウェル方程式は，以上にまとめられた 4 つの法則 (5.32)，(6.18)，(6.22)，(6.23) から構成される．改めて

書き出すと

真空中のマックスウェル方程式

$$\nabla \cdot \boldsymbol{E} = \frac{\rho}{\epsilon_0} \tag{6.24}$$

$$\nabla \times \boldsymbol{E} = -\frac{\partial \boldsymbol{B}}{\partial t} \tag{6.25}$$

$$\nabla \cdot \boldsymbol{B} = 0 \tag{6.26}$$

$$\nabla \times \boldsymbol{B} = \mu_0 \left(\boldsymbol{j} + \epsilon_0 \frac{\partial \boldsymbol{E}}{\partial t} \right) \tag{6.27}$$

としてまとめることができる．「真空中の」と断っているのは，これら 4 つの方程式が，真空環境に分布する電荷と電流が周囲の真空中に作る電磁場を決める式になっているからである．これに対して，物質中に埋め込まれた電荷と電流が周囲に作る電磁場を求めることは，「物質の電磁気学」と呼ばれる複雑な問題である（本書では扱わない）．

これら 4 つの方程式は 2 通りに組み分けすることができる．発散の法則と回転の法則，という視点でみれば

$$\text{発散法則} \begin{cases} \nabla \cdot \boldsymbol{E} = \rho \\ \nabla \cdot \boldsymbol{B} = 0 \end{cases} \tag{6.28}$$

$$\text{回転法則} \begin{cases} \nabla \times \boldsymbol{E} = -\dfrac{\partial B}{\partial t} \\ \nabla \times \boldsymbol{B} = \mu_0 \left(\boldsymbol{j} + \epsilon_0 \dfrac{\partial \boldsymbol{E}}{\partial t} \right) \end{cases} \tag{6.29}$$

と分類できる．また，電荷あるいは電流という電磁場の源泉（物質）を含む組と含まない組という視点でみれば

$$\text{物質を含む}\begin{cases}\nabla\cdot\boldsymbol{E}=\rho\\ \nabla\times\boldsymbol{B}=\mu_0\left(\boldsymbol{j}+\epsilon_0\dfrac{\partial\boldsymbol{E}}{\partial t}\right)\end{cases}\tag{6.30}$$

$$\text{物質を含まない}\begin{cases}\nabla\times\boldsymbol{E}=-\dfrac{\partial\boldsymbol{B}}{\partial t}\\ \nabla\cdot\boldsymbol{B}=0\end{cases}\tag{6.31}$$

と分類できる．

特筆すべき事実は，古典力学はミクロ世界では破綻して量子力学に取って代わられるのに対し，マックスウェルの電磁場理論は，マクロでもミクロでも変わらずに成立すると考えられていることである．物理学の基本法則として，際立った成功例といえる．

(4)　静電気学と静磁気学

場の源泉である ρ と $\boldsymbol{j}$ が時間変化しない場合，その結果生じる電磁場も時間変化しない．この場合，マックスウェル方程式から時間微分を含む項 $\dfrac{\partial\boldsymbol{B}}{\partial t}$ と $\dfrac{\partial\boldsymbol{E}}{\partial t}$ を落とすことができる．この結果，4 つの方程式を

$$\text{電場の法則}\begin{cases}\nabla\cdot\boldsymbol{E}=\rho\\ \nabla\times\boldsymbol{E}=0\end{cases},\quad\text{磁場の法則}\begin{cases}\nabla\cdot\boldsymbol{B}=0\\ \nabla\times\boldsymbol{B}=\mu_0\boldsymbol{j}\end{cases}\tag{6.32}$$

と組みなおすことができる．このように，時間変化がない場合には電場の方程式と磁場の方程式は互いに分離する．こうして，それぞれの方程式に基礎を置く静電気学と静磁気学が生まれる．

(5)　電磁ポテンシャル

マックスウェル方程式のうち，(6.26) は磁場の発散が必ずゼロである

ことを示す物理法則である．一方，(4.10) より発散がゼロとなるベクトル場は数学的に必ず

$$\boldsymbol{B} = \boldsymbol{\nabla} \times \boldsymbol{A} \tag{6.33}$$

と表せる．ここに現れたベクトル場 $\boldsymbol{A}$ をベクトルポテンシャルという．次にこの式を (6.25) に代入して整理すると

$$\boldsymbol{\nabla} \times \left(\boldsymbol{E} + \frac{\partial \boldsymbol{A}}{\partial t} \right) = \boldsymbol{0}$$

が得られる．ここで，(4.9) より回転がゼロになるベクトル場は必ずスカラー場の勾配として書ける．つまり

$$\boldsymbol{E} + \frac{\partial \boldsymbol{A}}{\partial t} = -\boldsymbol{\nabla}\phi \Longrightarrow \boldsymbol{E} = -\boldsymbol{\nabla}\phi - \frac{\partial \boldsymbol{A}}{\partial t} \tag{6.34}$$

となる．$\boldsymbol{A}$ が時間変化しなければ右辺第 2 項は消え，式 (5.22) が再現される．もちろん ϕ が時間変化しても構わない．

$-\boldsymbol{\nabla}\phi$ は，電荷密度が生み出すクーロン電場である．これに対し，第 2 項の $\partial \boldsymbol{A}/\partial t$ はファラデーの法則に由来する誘導電場である．(6.34) は，電場の起源にクーロン電場と誘導電場の 2 種類あることを明示している．ここで導入した ϕ と $\boldsymbol{A}$ を合わせて**電磁ポテンシャル**という．量子物理学では，物理的に観測可能な電場や磁場の背後にある電磁ポテンシャルがより基本的な役割を果たす．現代物理学における素粒子の基本的相互作用は，電磁ポテンシャルを一般化したゲージ場と呼ばれる考え方で統一的に記述される．

例 **6.3**　ここまでは電磁場のことだけを考えてきたが，これを荷電粒子の運動と結び付けよう．電磁場中の荷電粒子はローレンツの力を受ける．電場と磁場を電磁ポテンシャルで書くと，運動方程式は

$$m\frac{d\boldsymbol{v}}{dt} = q\left(-\boldsymbol{\nabla} V - \frac{\partial \boldsymbol{A}}{\partial t}\right) + q\boldsymbol{v} \times (\boldsymbol{\nabla} \times \boldsymbol{A}) \tag{6.35}$$

となる．これを，保存力による運動方程式のように

$$m\frac{d\boldsymbol{v}}{dt} = -\boldsymbol{\nabla}(\cdots) \tag{6.36}$$

の形にまとめられないだろうか？

まずは恒等式

$$\boldsymbol{v} \times (\boldsymbol{\nabla} \times \boldsymbol{A}) = \boldsymbol{\nabla}(\boldsymbol{v} \cdot \boldsymbol{A}) - (\boldsymbol{v} \cdot \boldsymbol{\nabla})\boldsymbol{A} \tag{6.37}$$

を使う．次に，$\boldsymbol{A}$ が位置ベクトル $\boldsymbol{r}(t)$ および t 自身の関数として一般に $\boldsymbol{A}(\boldsymbol{r}(t), t)$ であることに注意する．すると式 (3.51) と同様に

$$\frac{d\boldsymbol{A}}{dt} = \frac{\partial \boldsymbol{A}}{\partial t} + (\boldsymbol{v} \cdot \boldsymbol{\nabla})\boldsymbol{A}$$

に注意すると

$$\frac{d}{dt}(m\boldsymbol{v} + q\boldsymbol{A}) = -q\boldsymbol{\nabla}(V - \boldsymbol{v} \cdot \boldsymbol{A}) \tag{6.38}$$

が得られる．これこそが欲しかった式だ．この形を動機として，ラグランジアン

$$L = \frac{1}{2}m\boldsymbol{v}^2 - qV + q\boldsymbol{v} \cdot \boldsymbol{A} \tag{6.39}$$

を作ろう．すると正準運動量は (3.40) より

$$\boldsymbol{p} = \frac{\partial L}{\partial \boldsymbol{v}} = m\boldsymbol{v} + q\boldsymbol{A} \tag{6.40}$$

となる．逆に粒子の速度は

$$\boldsymbol{v} = \frac{\boldsymbol{p} - q\boldsymbol{A}}{m} \tag{6.41}$$

である．対応するハミルトニアンは

$$H = \boldsymbol{v} \cdot \boldsymbol{p} - L = \frac{1}{2m}(\boldsymbol{p} - q\boldsymbol{A})^2 + qV \tag{6.42}$$

となる．磁場中では運動学的運動量 $m\boldsymbol{v}$ と正準運動量 $\boldsymbol{p}$ が異なる．たとえ静磁場であっても，その中を運動する荷電粒子は変動する磁場をみる．つまり誘導電場をまとわりつかせながら運動する．この誘導電場による余分の力積をあらかじめ繰り込んだものが正準運動量である．式 (6.42) のハミルトニアンは，電磁場中の電子の運動をミクロに（量子論的に）記述する出発点となり，エレクトロニクスなどの分野で重要になる．それだけでなく，ここに現れた $\boldsymbol{p} - q\boldsymbol{A}$ という組み合わせこそが，電磁場がゲージ場であることの証なのである．

参考文献

[1] 岸根順一郎・松井哲男『場と時間空間の物理』（放送大学教育振興会，2020 年）
[2] 岸根順一郎・松井哲男『初歩からの物理』（放送大学教育振興会，2022 年）

7 光と時空

岸根順一郎

《目標&ポイント》 マックスウェルの最大の功績は，自らが導いたマックスウェル方程式に基づいて光が電磁波であるということを理論的に示したことだ．さらに，マックスウェルの理論が特殊相対性理論の基礎となり，私たちの時空の考え方が変わった．この章では，これらの話題を取り上げる．
《キーワード》 電磁波，光速，特殊相対性原理，ローレンツ変換

7.1 電磁波と光

(1) 波動方程式

準備として，正弦波が満たす波動方程式について述べる．x 軸の正の向きに進行する正弦波の変位が

$$y(x,t) = A\sin(kx - \omega t + \theta_0) \tag{7.1}$$

の形に書けることは既知とする．A は振幅である．波数 k と角振動数 ω は，波長 λ，振動数 f と

$$k = \frac{2\pi}{\lambda}, \quad \omega = 2\pi f \tag{7.2}$$

で結びつく．θ_0 は初期位相と呼ばれる定数である．$(kx - \omega t + \theta_0)$ を位相と呼び，位相が一定値をとる位置と時間を追跡することで

$$kdx - \omega dt = 0 \Longrightarrow c = \frac{dx}{dt} = \omega/k = \lambda f \tag{7.3}$$

が得られる．これは波が進む速度（位相速度）を与える[1]．

---

1) 波の速さに c の文字をあてるのが一般的であるが，これはラテン語で速さを意味する celeritas に由来する．

$y(x,t)$ を位置と時間でそれぞれ 2 度微分すると $y(x,t)$ が

$$\frac{\partial^2 y}{\partial x^2} = \frac{1}{c^2}\frac{\partial^2 y}{\partial t^2} \tag{7.4}$$

を満たすことが確認できる．これを波動方程式という．逆に波動方程式の一般解として (7.1) が得られる．一般に，位置と時間に依存する物理量が波動方程式を満たす場合，その物理量は位相速度 c で伝搬する波である．ギターの弦，空気，弾性体などの変位は，振幅が小さい限り波動方程式を満たす．

(2) 電磁波の波動方程式

マックスウェルの最大の功績は，自らが導いた方程式 (6.24)〜(6.27) の中に波動方程式が潜んでいることを見出したことである．マックスウェル方程式によれば，時間変化する磁場はファラデーの法則に従って電場を生み，反対に時間変化する電場は変位電流項を通して磁場を生む．こうして，電荷も電流もなくとも，電場と磁場が互いを生み出しあうメカニズムが，マックスウェル方程式に潜んでいるのである．その結果，電磁場は源泉である荷電粒子から独り立ちして[2]遠く離れた真空中を伝搬していくことができる．これが電磁波である．具体的にみてみよう．

真空領域を考え，マックスウェル方程式 (6.24)〜(6.27) において $\rho = 0$，$\boldsymbol{j} = 0$ とする．次に，(6.25) の両辺の回転をとると，

$$\boldsymbol{\nabla} \times (\boldsymbol{\nabla} \times \boldsymbol{E}) = -\frac{\partial}{\partial t}\boldsymbol{\nabla} \times \boldsymbol{B} \tag{7.5}$$

である．左辺に対して公式 (4.11) を適用すると

$$\boldsymbol{\nabla} \times (\boldsymbol{\nabla} \times \boldsymbol{E}) = \boldsymbol{\nabla} \underbrace{(\boldsymbol{\nabla} \cdot \boldsymbol{E})}_{\rho=0\text{ よりゼロ}} - \Delta \boldsymbol{E} = -\Delta \boldsymbol{E} \tag{7.6}$$

2) 「ちぎれ飛んで」と表現してもよい．

である．さらに (6.26) を使うと

$$\Delta \boldsymbol{E} = \epsilon_0 \mu_0 \frac{\partial^2 \boldsymbol{E}}{\partial t^2} \tag{7.7}$$

が得られる．例えば $\boldsymbol{E}$ が z 成分のみをもち[3)]，一方向に（例えば x 軸に沿って）のみ変化する場合，この方程式は

$$\frac{\partial^2 E_z}{\partial x^2} = \epsilon_0 \mu_0 \frac{\partial^2 E_z}{\partial t^2} \tag{7.8}$$

となって，まさに波動方程式が現れる．同様に (6.27) の両辺の回転をとると，磁場も同様の波動方程式を満たすことがわかる．方程式を (7.4) と見比べると直ちに，波動の伝搬速度が

$$c = \frac{1}{\sqrt{\epsilon_0 \mu_0}} \tag{7.9}$$

であることがわかる．マックスウェルはこの式を理論的に導いたが，ϵ_0 と，μ_0 の値を代入すると約 30 万 km/s となり，マックスウェルの時代にフィゾーが測定した光速度とほぼ一致した．

マックスウェルは，その伝搬速度が当時知られていた光の速度とあまりにもよく一致することから，光が電磁波に違いないと確信する．ヘルツが電気振動によって電磁波を発生させ，この確信を実証して見せたのはマックスウェルの死から 9 年後の 1888 年である．すでに第 5 章で述べたように，真空中の光速は現在定義値となっている．このようにして，自然界に見られる多様な光が真空中を光速で伝わる波長の異なる電磁波として一望のもとに見渡すせるようになったのである．同時に，電気・磁気・光という 3 つの基本的自然現象が統一されたわけである．

以上の成果が 19 世紀末の段階での古典電磁気学の到達点である．ここに「物質を基本的な素粒子の集まりとしてとらえる」という原子論お

---

3)　一方向にのみ振動する電場をもつ光を直線偏光という．

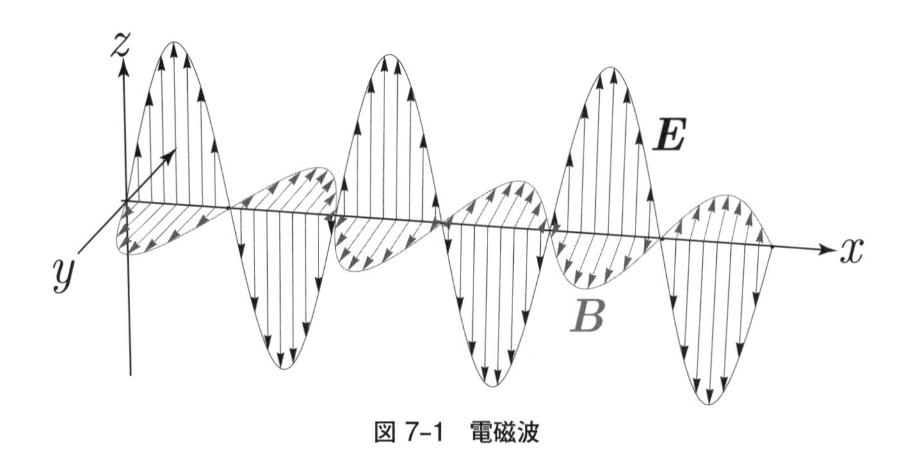

図 7–1　電磁波

よびこれを記述する量子力学の見方が加わることによって現代の物質観が完成する．

(3)　光が生まれる場所

ところで「電磁波は電荷がない真空中を伝わるではないか．よって電磁波の発生に電荷は無関係ではないか．」と思うかもしれないが，それは誤りである．正しい理解の仕方は，「電荷と電流によって生み出された電磁波が無限遠方まで伝わる」ということである．電磁場の源泉はあくまで ρ と $\boldsymbol{j}$ である．光を作るには 4 つの方法がある．まず，アンテナに振動する電流（交流電流）を流す方法だ．振動する電流は振動する電場と磁場を生み出し，これらがアンテナからちぎれ飛んで遠方まで伝わっていく．同様に，分子が振動するとこれに伴って振動する電場と磁場が作られる．さらに，分子が熱エネルギーを受け取ってランダムな熱運動をする場合，温度に応じて様々な波長の光が作られる．これを熱放射（熱輻射）と呼ぶ．最後に，原子内部の電子は光を吸ったり吐いたりすることができる．この現象は 19 世紀までの物理学によって記述できない．ミクロな世界の論理である量子力学を使って初めて記述できる現象である．

7.2　特殊相対性理論

マックスウェルの電磁場理論は，電気・磁気・光の統一を成し遂げた．しかし，マックスウェル理論の価値はこれにとどまらない．19 世紀後半に現れたこの大理論は，20 世紀の物理学，つまり現代物理学が大発展する契機をいくつも内包していた．すでにふれたように，素粒子の相互作用を記述するゲージ理論の原型は，マックスウェルの電磁場理論である．さらに，マックスウェル方程式がローレンツ変換と呼ばれる時間と空間の絡んだ変換のもとで形を変えないという事実は，そのままアインシュタインの相対性理論につながる．これに対し，ニュートンの運動方程式はこの変換のもとで形を変えてしまう．その結果，物体の速度が光速に近づくとニュートン力学は破綻する．ローレンツ変換のもとでの不変性を守れば，古典電磁気学は無修正ですみ，古典力学は修正すべきことになる．そして，実際に私たちの自然はこの選択をしている．本節では，マックスウェル方程式から導かれる光速が，慣性系によらずに一定であるという事実を原理に据えることで，いかにして特殊相対性理論が築かれるかを概観する．

（1）ガリレイ変換

ニュートンの運動方程式がもつガリレイ対称性の話から始めよう[4]．まず，2 つの異なる慣性系を用意する．慣性系とは，図 7–2 のように物

---

4)　慣性系の定義については，1.3 節参照．

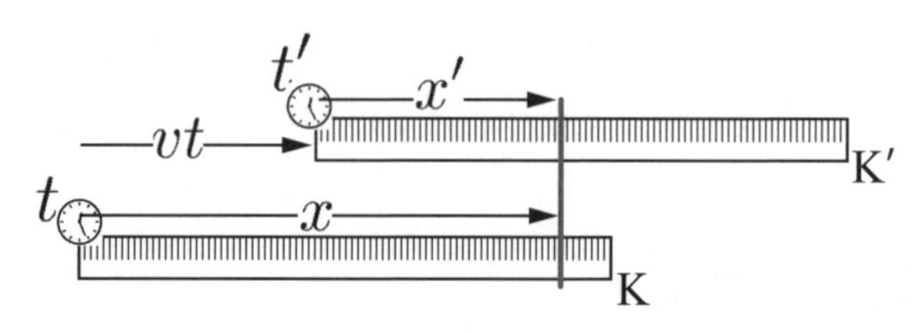

図 7–2　互いに等速度で動く 2 つの慣性系

差しとその物差し上にくくりつけられた時計[5]の組であると考えればよい．これを慣性系 K とする．そして，ある慣性系に対して一定の速度 v で動いているもうひとつの慣性系 K′ を考える．日常の常識では，時間の流れはどの慣性系で測っても共通である．つまり $t = t'$ である．そして座標の間には

$$x' = x - vt \tag{7.10}$$

の関係がある．単に原点の移動変位 vt だけメモリの読みがずれる．これがガリレイ変換である．この式の両辺を時間で 2 回微分すると，v は一定なので vt の項は消える．つまり加速度は両慣性系で共通であり，よって運動方程式の形も変わらない．

ところが困ったことに，マックスウェル方程式にガリレイ変換を施すと，「慣性系によって光速が異なる（速度 v だけずれる）」という結果が導かれてしまう．なぜ「困ったこと」なのかというと，この「ずれ」は**マイケルソン・モーリーの実験**（1887）によって実験的に否定されたからである．つまり，実験事実として光速は慣性系によらず一定であり，「マックスウェル方程式はガリレイ変換には従わない」と判断するしかない．さりとて，マックスウェル方程式は正しい！と信じたい．いったい何を原理として守ればよいのだろう．

---

5)　図では省略したが，物差しのメモリに沿って，たくさんの同じ時計が密に並んでいる．これらの時計によって，どの位置ででも時刻を読むことができる．

(2) 特殊相対性理論の要請

アインシュタインが 1905 年に到達した結論は，以下の 2 つの要請（特殊相対性理論の要請）としてまとめられる．

1. 相対性原理：すべての慣性系で物理学の基本法則は不変である．
2. 光速不変原理：どの慣性系でみても，光が真空中を伝搬する速度は，発光源の運動状態にかかわらず一定である．

基本法則の不変性として，ニュートンの運動方程式がもつガリレイ不変性を尊重すると，マックスウェル方程式が破綻してしまうのであった．逆に，マックスウェル方程式を守るのであれば，ガリレイ変換を修正すべきだ．この方針に沿って，アインシュタインは，マックスウェル方程式から導かれる「光速」こそが，慣性系によらず不変に保たれるべきものであるという要請を，基本原理（光速不変原理）として据えた（この判断こそが，アインシュタインの偉業である）．

以上の動機を踏まえてガリレイ変換を少し変形し，

$$x' = \gamma\,(x - vt) \tag{7.11}$$

としてみよう．γ は定数である．ここで，立場を変えて慣性系 K$'$ から慣性系 K を眺める．すると x と x'，t と t' が入れ代わるだけでなく，v が反転して $-v$ となる．よって，この立場を変えた変換は (7.11) を少し修正して

$$x = \gamma\,(x' + vt') \tag{7.12}$$

と書かれるべきである．これは相対性原理のあらわれである．両慣性系での時計の読みを区別していることに注意しよう．この区別をしないと，相対性原理を満たす変換は作れない．

(3) ローレンツ変換

(7.11) と (7.12) を片々かけた後で両辺を xx' で割ると

$$1 = \gamma^2 \left(1 + v\frac{t'}{x'} - v\frac{t}{x} - v^2 \frac{t}{x}\frac{t'}{x'} \right) \tag{7.13}$$

が得られる．ここで次の点に気づくことが重要である．慣性系 K と K′ の原点から，正の向きに光が発射されたとする．すると光の先端はどちらの慣性系でみても共通の光速 c で進む．つまり各系での光の先端の座標は $x = ct$ および $x' = ct'$ である．c が共通であることこそが，光速不変原理のあらわれである．これらの式から，

$$\frac{t}{x} = \frac{t'}{x'} = \frac{1}{c} \tag{7.14}$$

がいえる．この関係は，もちろん (7.13) にも適用されなければならない．代入すると

$$1 = \gamma^2 \left(1 - v^2/c^2\right) \Longrightarrow \gamma = \frac{1}{\sqrt{1 - v^2/c^2}}$$

が得られる．私たちはこうして，特殊相対性理論の要請を満たす慣性系の間の時空変換則

$$x' = \frac{x - vt}{\sqrt{1 - v^2/c^2}} \tag{7.15}$$

$$ct' = \frac{ct - \frac{v}{c}x}{\sqrt{1 - v^2/c^2}} \tag{7.16}$$

を得た．これがローレンツ変換である．(7.16) は，(7.15) を (7.12) に代入して整理すれば得られる[6]．

この変換のもとでマックスウェル方程式が不変に保たれることが直接

6) ローレンツやラーモアは，「マックスウェル方程式を不変に保つ変換」を数学的に探求し，この変換に到達した．この変換をローレンツ変換と呼んだのは，ポアンカレである．そして，この変換を「特殊相対性理論の要請」の観点でとらえなおしたのがアインシュタインである．

の計算から示せる．その意味で，ローレンツ変換はマックスウェル方程式を不変に保つ 1 つの変換ルールに過ぎない．しかし，特殊相対性理論の要請を原理として明示（特に光速不変性を原理化）して，この変換則の意味を明らかにしたことがアインシュタインの功績である．

改めて強調すると，マックスウェル方程式の不変性という観点だけではローレンツ変換は出てこない. 出てこないというより, ひとつに定まらない. マックスウェル方程式を不変に保つ線形変換を探し回るだけなら可能性は無限にあるからだ. 光速不変性を課して初めてローレンツ変換が一意的に定まるのである.

(4) 時間の遅れ

(7.15)，(7.16) を位置と時間の幅（$\Delta x'$，Δx，Δt，$\Delta t'$）に対する式に読み代えよう．つまり

$$\Delta x' = \frac{\Delta x - v\Delta t}{\sqrt{1 - v^2/c^2}} \tag{7.17}$$

$$c\Delta t' = \frac{c\Delta t - \frac{v}{c}\Delta x}{\sqrt{1 - v^2/c^2}} \tag{7.18}$$

そして，慣性系 K' の原点（$x' = 0$）にくくりつけられた時計で読み取った時間間隔を $\Delta t'$ としよう．x' は動かないから $\Delta x' = 0$ である．すると (7.17) より $\Delta x = v\Delta t$ である．この式を (7.18) に対する式に代入すると

$$\Delta t' = \frac{\Delta t - \frac{v}{c^2}\Delta x}{\sqrt{1 - v^2/c^2}} = \frac{1 - v^2/c^2}{\sqrt{1 - v^2/c^2}}\Delta t = \sqrt{1 - v^2/c^2}\,\Delta t \tag{7.19}$$

が得られる．これは，静止した時計の読み $\Delta t'$ は，これが動いて見える系での時計の読み Δt より小さくなる，つまり動いている時計の読みは遅れることを意味している．

例 7.1 宇宙空間から高速で地上に降り注ぐミュー粒子と呼ばれる粒子は，静止系では $\Delta t' = 2 \times 10^{-6}$ 秒という短時間で崩壊してしまう．しかし，光速の 99.5% 程度の猛烈なスピードで降り注ぐ．この結果，

$$\Delta t = \frac{\Delta t'}{\sqrt{1 - 0.995^2}} \fallingdotseq 10\Delta t' \tag{7.20}$$

となり，地上でみると寿命は 10 倍に伸びる．このことは実験的に実証されている．

(5) 速度の合成

(7.17)，(7.18) を片々割ると

$$\frac{\Delta x'}{\Delta t'} = \frac{\Delta x - v\Delta t}{\Delta t - \frac{v}{c^2}\Delta x} = \frac{\frac{\Delta x}{\Delta t} - v}{1 - \frac{v}{c^2}\frac{\Delta x}{\Delta t}} \tag{7.21}$$

が得られる．$\Delta x'/\Delta t'$ および $\Delta x/\Delta t$ はそれぞれ，K′ 系および K 系でみた速度なのでこれらを u'，u とする．すると

$$u' = \frac{u - v}{1 - \frac{v}{c^2}u} \tag{7.22}$$

が得られる[7]．特殊相対性理論では，これを速度の合成則と呼ぶ．$u = c$ つまり光速で運動する物体の場合，

$$u' = \frac{c - v}{1 - \frac{v}{c^2}c} = c \tag{7.24}$$

となって慣性系によらず光速が不変であることが確認できる．もちろんすべての議論を光速不変原理から作っているので，これは当然の結果なのだが，改めて驚くべき結論である．

---

7) この式は双曲線関数 $\tanh x$ の加法定理

$$\tanh(\alpha_1 + \alpha_2) = \frac{\tanh\alpha_1 + \tanh\alpha_2}{1 + \tanh\alpha_1\alpha_2} \tag{7.23}$$

を直接反映していることを指摘しておく（$\tanh\alpha_1 = u/c$, $\tanh\alpha_1 = -v/c$ と対応させる）．

(6) $E = mc^2$

互いに運動する慣性系での時計の読みが異なるなら，運動量の定義も変更すべきだ．このことから，動いている物体の質量が速度に依存して修正されることになる．一方で，運動量保存則は物理学の基本法則として守られねばならない．

静止状態で質量 m の粒子が，時刻 $t = 0$ に一定の力 F を受けて一直線上を運動し始めたとしよう．この粒子の運動を特殊相対性理論にもとづいて考察しよう．粒子の速度が v のとき，以上の要請（質量の保存と運動量保存）を満たす相対論的運動量は

$$p = \frac{mv}{\sqrt{1 - v^2/c^2}} \tag{7.25}$$

となる．これを v について解くと

$$v = \frac{pc}{\sqrt{m^2c^2 + p^2}} \tag{7.26}$$

である．粒子の運動方程式は相対論的運動量 p を使って $dp/dt = F$ と書ける．いま F は一定としているから，直ちに $p = Ft$ が得られる．

時刻 $t = T$（$T > 0$）までの移動距離は

$$\ell = \int_0^T v dt \tag{7.27}$$

であり，この間に粒子になされた仕事は $F\ell$ である．この仕事が粒子のエネルギーの増分 ΔE に等しい．(7.26) をこの式に代入して積分を実行すると

$$\Delta E = \sqrt{(pc)^2 + (mc^2)^2} - mc^2 \tag{7.28}$$

が得られる．これより，静止状態（$p = 0$）でのエネルギーが

$$E = mc^2 \tag{7.29}$$

であるという結論に到達する．マックスウェル方程式の不変性から出発し，光速の不変性を原理化することで，質量とエネルギーが等価であるという驚くべき結果が露呈したわけである．

7.3　$E = mc^2$ と原子力

関係式 (7.29) はしばしば，「最も有名な物理公式」と呼ばれるが，原子力技術の出発点になったという意味で，人間社会に最大級の影響力を与えた物理公式であるともいえる．この公式は，原子核どうしを結合しているエネルギー（結合エネルギー）が質量として原子核に ‘格納’ されており，これを開放することで莫大なエネルギーが取り出せることを示唆している．この点について，歴史的経緯も含めて簡単に述べておく．

1932 年に中性子が発見されると，電荷をもたない中性子を原子核にぶつけて崩壊させようという発想が生まれた．これを実現したのが原子力の父と称されるエンリコ・フェルミ（1901–1954）である．そして，フェルミの実験を追試する過程で，ドイツのハーン（1879–1968）とシュトラスマン（1902–1980）はウランに中性子を当てるとバリウムが生じることを発見する．1938 年のことだ．そして，この直前まで彼らのグループに所属し，ユダヤ人であるために亡命を余儀なくされていたマイトナー（1878–1968）は，この現象がウランの核分裂に違いないことを見抜く．同年，ジョリオ・キュリー（1900–1958）は，相対的に多くの中性子を含む重い原子核が軽い原子核に分裂することで，余分な中性子が飛び出してくることを見出す．

驚くべきことに，たった 1 回のウランの核分裂に伴って約 200 MeV（メガエレクトロンボルト）という莫大なエネルギーが放出されるとと

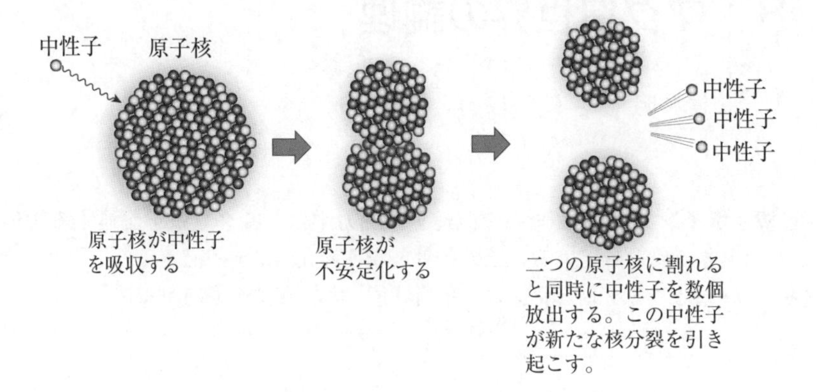

図 7–3　原子核分裂の概念図

もに，さらに 2〜3 個の中性子が飛び出してくる（図 7–3）．このエネルギーを温度に換算すると，約 1 兆ケルビンとなる．これは，私たちが住む環境の温度（数百ケルビン）の 100 億倍にも達する．原子力を理解しようとするとき，この「桁違いぶり」を認識しておくことが必要である．

参考文献

[1] 岸根順一郎・松井哲男『場と時間空間の物理』（放送大学教育振興会，2020 年）
[2] 米谷民明『初歩の相対論から入る 電磁気学』（朝倉書店，2019 年）

8 マクロ世界の論理

清水 明

《目標＆ポイント》 マクロ系を記述する熱力学は，ミクロ系を記述する物理学とは大きく異なっている．その背景となる考え方を述べる．
《キーワード》 ミクロとマクロ，平衡状態，熱，熱力学第 1 法則

8.1 ミクロとマクロ

身の回りの物質は，原子や分子が集まってできている．例えば水は，水分子が集まってできている．その個数を見積もるために，$1\,\mathrm{cm}^3$ の液体の水を構成する水分子の数を勘定してみよう．およその桁を見積もるのが目的なので，細かい数字は忘れて大雑把に計算する．

$1\,\mathrm{cm}^3$ の水の質量は約 $1\,\mathrm{g}$ で，水分子 1 個の質量は $3 \times 10^{-23}\,\mathrm{g}$ ほどであるから，約 3×10^{22} 個もの水分子でできている勘定になる．世界の人口が約 80 億人 $= 8 \times 10^9$ 人であるから，その 4×10^{12} 倍もの個数の水分子が，たった $1\,\mathrm{cm}^3$ の水には含まれているわけだ．全世界の人類が，老若男女を問わず全員で，ひとり当たり 80 億人を新たに産んだとしても，80 億人 $\times$80 億人 $\simeq 6 \times 10^{19}$ 人であるから，まだ 3 桁も足りないほどだ．このような途方もない数の分子が，互いに相互作用を及ぼしあいながら運動している．それが水だ．

水分子の大きさはどうかというと，差し渡しが約 $3 \times 10^{-10}\,\mathrm{m}$ ほどしかない．人間が目で見える大きさの限界は $0.1\,\mathrm{mm} = 10^{-4}\,\mathrm{m}$ 程度なので，目では絶対に見えないほど小さい．つまり，われわれが水を見ると

きは，個々の水分子を見ているわけではなく．途方もない個数の水分子が集まった姿を見ているわけである．その結果，もはや分子の集まりとは見えずに，あたかも，隙間がない連続体のように見える．われわれは，その連続体が全体としてどのように動いているかを見ているわけである．

物理学では，分子やそれよりも小さいスケールの系をミクロ系といい，それらを構成要素とする，途方もない数のミクロ系が集まってできた系をマクロ系という．また，両者の中間の系をメゾスコピック系とかセミマクロ系という．ただし，これらの間に明確な境界があるわけではなく，構成要素のミクロ系の個数を増すにつれて，次第にミクロ系からマクロ系に移行していく．そして，その移行に伴い，次第に新しい法則がみえてくる．それがマクロ系の物理学である．ここから 3 つの章にわたって，マクロ系の物理学の代表である，熱力学を学ぶ．

8.2　マクロに見る

マクロ物理学の要諦は，莫大な数の粒子で定まるような物理量，すなわち「マクロな物理量」だけを対象にすることにある．試験管に入れた水の水分子の個数 N を例にとって，その特徴を述べよう．

「$1\,\mathrm{cm}^3$ の水は $N \simeq 3 \times 10^{22}$ 個の水分子でできている」と書いたが，細かくみると，水は空気との間で水分子をやりとりしている．つまり，部分的に蒸発（気化）や凝縮（液化）が起こっている．そのため，たとえ平均的には蒸発も凝縮も起こらない条件で実験していても，N は常に変動している．そのような平均値のまわりの変動を，物理学ではゆらぎという．そのゆらぎの大きさ δN は，平均値 $\langle N \rangle$ の平方根程度である：

$$\delta N \simeq \sqrt{\langle N \rangle} \tag{8.1}$$

$1\,\mathrm{cm}^3$ の水であれば，$\langle N\rangle \simeq 3\times 10^{22}$ であるから，

$$\delta N \simeq \sqrt{3\times 10^{22}} \simeq 2\times 10^{11} \tag{8.2}$$

である．これは世界人口の 20 倍だから，ひどく多いようにみえるかもしれない．しかし，平均値に対するゆらぎの相対的な大きさを計算してみると，

$$\frac{\delta N}{\langle N\rangle} \simeq \frac{1}{\sqrt{\langle N\rangle}} \simeq 6\times 10^{-12} \tag{8.3}$$

と，とてつもなく小さい．つまり，もしも N を測るような実験をしたら，有効桁数が 12 桁はないと，ゆらぎは検出できないことになる．これは，通常の実験の有効桁数をはるかに超えている．つまり，ゆらぎは通常の実験では検出できないのだ．

あえて大規模な精密実験を行って 12 桁以上の精度を出すことも可能かもしれない．しかし，その必要性はあるのだろうか？ 例えば，この $1\,\mathrm{cm}^3$ の水を使って，砂糖の溶解度を測りたいとしよう．種々の物質の溶解度の実験データの一覧表を見ると有効桁数はせいぜい 3 桁か 4 桁だから，砂糖についてもそのくらいの精度があれば十分だ．つまり，よほど特殊な目的の実験でない限りは，ゆらぎが検出できるような精度は要らないのだ．

そこで，この例のゆらぎのように，相対的に無視できるような量は相手にしない方が生産的だということに気づく．このとき，「相対的に無視できる」の程度は，(8.3) を見ると，粒子数に依存して変わることに注意しよう．例えば，水の量を増やして $1\,\mathrm{m}^3$ にすると，水分子の数は 10^6 倍になるから，

$$\langle N\rangle \simeq 3\times 10^{28} \tag{8.4}$$

$$\delta N \simeq 2 \times 10^{14} \tag{8.5}$$

$$\frac{\delta N}{\langle N \rangle} \simeq 6 \times 10^{-15} \tag{8.6}$$

と，ゆらぎの絶対値は増えるものの，割合はますます小さくなる．このように，相対的に無視できるような量を相手にしないことは，粒子数が増えるほどいっそう正当化される．

であれば，そういう量は理論から排除してしまって，相対的にも無視できないような量だけで構成される理論を作れば有用ではないか？もしもそういう理論が作れたら，その精度は分子数を増すほど高まってゆくのだが，上述のように水 $1\,\mathrm{cm}^3$ でも十分であるし，$1\,\mathrm{mm}^3$ でも $\delta N/\langle N \rangle \simeq 6 \times 10^{-9}$ だから十分だ．

このように，分子数を増すほど精度が高まってゆく理論がマクロ系の物理学の理論であり，その代表格が熱力学なのである．

8.3　ミクロ系の物理学の計算不可能性

ニュートン力学が輝かしい成功を収めたのをみて，次のように，その万能性を夢想した人は多かったであろう．「日食や月食の日時を予言できるようになったように，ニュートンの運動方程式を解きさえすれば，何でも予言できるに違いない．もちろん，粒子数が増えるほど解くのは難しくなるが，それは人間の能力と努力量の問題であって，原理的な問題ではない．つまり，運動方程式は原理的には解けて，すべてが予言できるはずだ．」しかし，これは 2 つの意味で間違っていた．

ひとつは，ミクロな世界に行くほど，どんどん誤差が大きくなり，原子レベルのスケールになるとほぼ完全に破綻し，量子力学を使うしかなくなる，というニュートン力学の適用限界の問題である（これについては，後の 11 章以降で述べる）．

もうひとつは，ニュートン力学が有効な範囲内でも，「運動方程式は原理的には解けて」が間違っていたことである．それどころか，解けるのは，ごく少数の例外的なケースにとどまることがわかったのである．この衝撃的な事実が発見されたのは，19 世紀の終わり頃らしい．3 個の天体の運動を模した，ニュートン重力（万有引力）で相互作用する 3 粒子の系の運動方程式は，初期条件などを特殊なものに限定しない限り，つまり一般には，原理的に解けないことが証明されたのだ．つまり，人間の能力不足のためなどではなく，解けないことが厳密に証明されたのだ．

この問題は，やがて，ニュートン重力以外の相互作用でも出現する問題であることがわかり，また，粒子数 N を増やすにつれて，ますます深刻になることもわかった．

力学の演習問題では，よく，線形バネ（力が変位に厳密に比例する）というモデルを扱う．これは，「ごく少数の例外的なケース」の一例であり，いくら N が大きくても解けることがわかっている．

しかし，非線形バネ（力が変位に完全には比例しない）になると，様相が一変する．N が小さいうちは，手で解くのは難しくても，計算機で数値的に解くことならできる．そういう意味では，実質的には解けるといってもいい．ところが，N が大きくなってくると，計算機の誤差が爆発的に大きくなる．つまり，$t = 0$ の初期条件から出発して $t > 0$ のミクロ状態を求めると，

$$\text{誤差} \propto \exp(\text{正定数} \times t) \tag{8.7}$$

のようになり，少し先の時刻の解でも全く信用できなくなる．そのため．どんなに高性能なスーパーコンピュータを使おうが，十分な精度で解くのは不可能になる．よく，N が大きな系の数値シミュレーションを見かけるが，あのような計算は，線形バネや自由粒子という，解が自明

に求まる系でない限りは，誤差が爆発しており，個々の粒子の軌道に関しては信頼度ゼロなのである．

それにもかかわらず数値シミュレーションを行うのは何故か？ それは，莫大な数の粒子が集まった系の全体としての振る舞いは，正しくとらえられているだろうと期待しているからである．つまり，個々の粒子の軌道の計算は間違っていても，それは，全体としての振る舞いに対しては相対的に無視できる大きさの誤差しかもたらさないだろう，と期待しているからなのである．

この「個々の粒子の軌道の計算は間違っていても」を「個々の粒子の軌道の計算は見なくても」に置き換えたものが，マクロ系の物理学である．マクロ系の物理学では，個々の粒子の軌道の計算は行わないので，間違えようがない．さらに，「相対的に無視できる大きさの誤差しかもたらさない，と期待している」の「と期待している」は，「莫大な数の実験と経験で確かめられている」に置き換わるので，安心して欲しい．

なぜ，そんな都合がよいことが成り立っているのかは，完全に解明されているわけではないが，運動方程式が原理的に解けないことこそが，このような強力な結果をもたらしているのであろうと考えられている．

要するに，ミクロ系の物理学の基礎方程式（ニュートン力学の運動方程式や量子力学のシュレディンガー方程式）があれば原理的にはなんでもわかる，というのは全くの幻想であったが，それこそがマクロ系の物理学である熱力学を美しく簡潔な形で成立させているのである．

8.4　熱力学の基本原理をめぐる混乱

熱力学の基本原理は，伝統的には「熱力学第 0 法則」〜「熱力学第 3 法則」という形で提示されることが多い．基本原理というからには，これらの法則だけからあらゆる結果が導けると思いがちだが，実際にはこれらの「法則」だけでは大幅に足りず，暗黙の仮定や前提が後から大量に出てくるのが実状であった．そのために，どこまでが原理でどこからが結果なのか，どこまでが普遍的でどこからが個別の結果なのか，判然としない状況が長く続き，熱力学は訳がわからない理論とみなされることが多かった（著者も，大学１年生のときに伝統的なスタイルの講義を受け，さっぱりわからなかった）．その反省に立って．基本原理を見直してきちんと整備しようという動きが起こり，参考文献に示したような論文や新しい教科書も出版されるに至った．

そこで本書では，拙著『熱力学の基礎』（参考文献 [5]）で整備された基本原理を簡単化して紹介していこうと思う．伝統的な「熱力学第○○法則」は，これらの基本原理から導かれる帰結などとしてふれる．

8.5 平衡状態

熱力学は，マクロ系の平衡状態に着目した理論である．そこでまず，平衡状態とは何かを図 8–1 に示した具体例で説明しよう．

1. 内部に仕切り壁が設けられた容器の中に，ガスが入ったボンベが左右に置いてあるとする．このとき，系は平衡状態にある．
2. ボンベの蓋を開けると，ガスが吹き出してくる．この吹き出している間は，系は平衡状態にはない．つまり，非平衡状態にある．
3. やがてガスの流れが収まり，壁の左右それぞれをガスが均一に満たす．このとき，系は１とは別の平衡状態にある．
4. 仕切り壁を取り外す．左右のガスが拡散し混じり合い始める．ガスの流れがある間は，系は非平衡状態にある．
5. やがてガスの流れが収まり，容器の中を混合ガスが均一に満たす．このとき，系は１，３とは別の平衡状態にある．

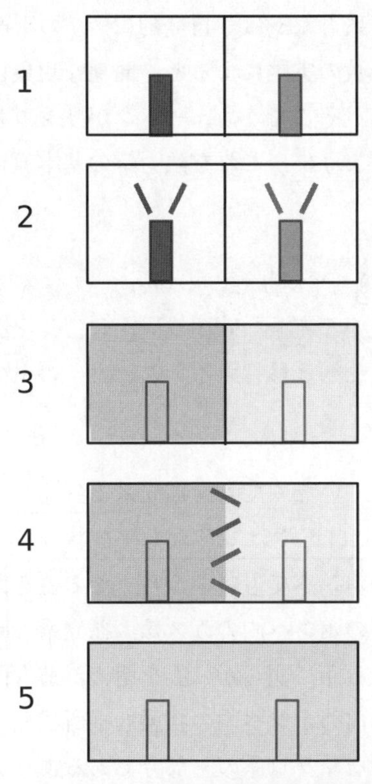

図 8–1　1, 3, 5 の状態が平衡状態で,
2, 4 の状態は非平衡状態である.

この例でわかるように，平衡状態とは，基本的には，孤立したマクロ系をしばらく放っておいたときに到達する，マクロに見る限りは時間変化がないような状態のことである．力学で力が釣りあった状態のことも平衡状態というが，それと区別したいときは，熱平衡状態という．

また，途中の状態にも目を向けると，2 では非平衡状態にあったわけだが，こちらが何もしなくても，系は自発的に 3 の平衡状態に移行した．

4の非平衡状態にあった系も，やはり自発的に，5の平衡状態に移行した．日常経験と，莫大な数の実験によると，同様な現象は一般のマクロ系で広く観察されている．そこで，ニュートンがリンゴの運動を一般化して基本原理に採用したように，これを熱力学の基本原理のひとつとして採用する．

熱力学の基本原理 I-(i)：平衡状態への移行
系を孤立させて十分長いが有限の時間放置すれば，マクロにみて時間変化しない特別な状態へと移行する．このときの系の状態を平衡状態と呼ぶ．

さらに，たとえ孤立していなくても，孤立系で到達する平衡状態とマクロに見て同じ状態であれば，やはりそれも平衡状態である．例えば5の状態で，左右どちらのボンベでもいいから，その蓋を閉めてボンベを孤立させたとしよう．そのボンベ内のガスは，孤立系で時間変化がない状態だから平衡状態にあるが，明らかに蓋を閉める前も同じ状態にあった．ゆえに，蓋を閉める前のボンベ内の状態も平衡状態である．このボンベのように，より大きなマクロ系の一部分であるようなマクロ系を部分系と呼ぶ．その言葉を使って，この経験事実を熱力学の基本原理に加えよう：

熱力学の基本原理 I-(ii)：部分系の平衡状態
もしもある部分系の状態が，その部分系をそのまま孤立させたときの平衡状態とマクロにみて同じ状態にあれば，その部分系の状態も平衡状態と呼ぶ．平衡状態にある系の部分系はどれも平衡状態にある．

これらの基本原理は，わかりやすく (i), (ii) の 2 つに分けて書いたが，実質的には一体であり，平衡状態を定義し，そのような状態への移行を基本原理として主張したものである．これが，熱力学の 2 つの基本原理のうちのひとつめである．

なお，それぞれの平衡状態がどのような熱力学的性質をもっているかどうかを決めるのは，もうひとつの基本原理に登場するエントロピーと呼ばれる物理量である．それについては，次の章で説明する．

8.6　操作と遷移

図 8–1 の具体例を振り返ろう．1，3，5 が平衡状態であるが，1 の平衡状態から（2 の非平衡状態を経て）3 の平衡状態に移ったのは，ボンベの蓋を開けたからであった．また，3 の平衡状態から（4 の非平衡状態を経て）5 の平衡状態に移ったのは，仕切り壁を取り除いたからであった．このように，ひとつの平衡状態にあったマクロ系に，蓋を開けるとか仕切り壁を取り除くなどの**操作**をした結果，系が別の平衡状態へと移行することを，平衡状態間の**遷移**という．熱力学は，マクロ系の平衡状態と，その間の遷移を扱う理論である．

熱力学では，次の 2 つの事項により遷移の行方が決まるとする：

1. **保存則**

   ある物理量の値が，状態がいかに変化しようとも，系が孤立している間は変わらないとき，その物理量を**保存量**という．また，そういう物理量が系に存在する事実を**保存則**がある，という．物理学には様々な保存則があるので，当然ながらそれは考慮する．

2. **エントロピー最大の原理**

   8.5 節で，それぞれの平衡状態がどのような熱力学的性質をもっているかどうかを決めるのはエントロピーである，と述べたが，実は，エントロピーは遷移の仕方も決めるのである．

このうち，2 こそが熱力学特有の原理なので，10 章で詳しく解説する．それに対して 1 は，どの系にどんな保存則があるかは系ごとに異なる個々の系の性質であるので，熱力学の基本原理に含めるような事項ではない[1)]．ただし，エネルギー保存則だけは，どんな系でも成り立つことと，これから述べる歴史的事情から特に重要視され，（本講義とは異なり）熱力学の基本原理に含めることも多い．

8.7 熱

エネルギー保存則を基本原理に含めることが伝統になった歴史的事情を説明しよう．例えば，図 8–2 のように，左側に高温のガスを，右側に低温のガスを入れた容器を考える．すると，仕切り壁を通して熱が伝わり，高温のガスは冷め，低温のガスは暖まるであろう．この「熱」とは何か？

実は，熱はエネルギーの伝わり方のひとつの形態に過ぎないのだ．そのことをみるために，まず力学を用いて，エネルギーの授受を勘定してみよう．

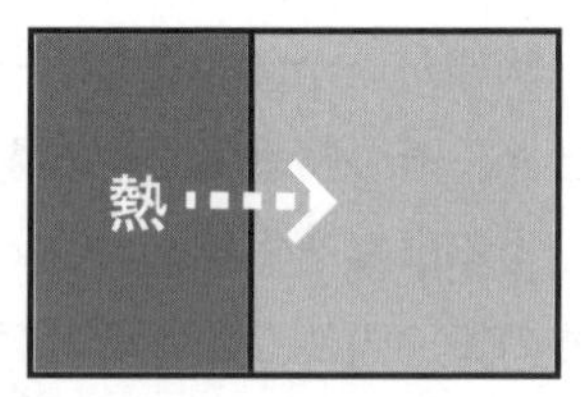

図 8–2　左側に高温のガスを，右側に低温のガスを入れる．

1)　例えば力学でも，働く力がバネの力か重力か，ばね定数はいくらか，質量はいくらかなどは，個々の系の性質であるので，力学の基本原理には含めていない．

左側の気体から右側の気体にエネルギーが伝わるためには，間にある仕切り壁を介して伝わるしかない．実際，壁を固定した断熱壁に替えるとエネルギーが伝わらなくなるので，これは確かだろう．だから，

$$\text{気体が壁に行う仕事} = \text{壁を押す力} \times \text{押されて動く距離} \tag{8.8}$$

を計算すればよい…はずだ．これさえ計算すれば，エネルギー保存則から，壁が気体にする仕事もこの -1 倍だとわかる．そうだとすると，仕切り壁が固定された堅くて変形しない壁である場合には，いくら力を受けても動かないので，押されて動く距離 $= 0$ であり，

$$\text{左側の気体が壁にする仕事} = \text{壁が右側の気体にする仕事} = 0 \tag{8.9}$$

となる．ということは，エネルギーが伝わらない…？

もちろん，この計算には欠陥がある．(8.8) において，「壁を押す力」と「押されて動く距離」は，マクロにみた力と移動距離である．つまり，壁全体が受ける力と，壁全体の位置（重心位置）の移動距離である．そのため，(8.8) にはたくさんの数え落としがある．例えば，気体分子が壁に衝突して壁表面の分子にエネルギーを与え，それが壁の中の分子の間でバケツリレーのように伝えられて壁の反対側の表面の分子にまで伝わり，そこに気体の分子が衝突して壁の分子からエネルギーをもらい受ける…という形のエネルギー移動があり得る．このミクロな過程で運ばれるエネルギーの大きさは，1 つの過程当たりではミクロな大きさしかないが，同様な過程がそこかしこでマクロな回数だけ起こり得るので，全体としては，マクロな量のエネルギー移動を引き起こすことができる．これは，(8.8) の計算には全く入っていない．このような，「数え落とし」の総量を熱と呼ぶ．これに対して，(8.8) のようにマクロにみた力と位置座標で素朴に計算した量を，熱力学では**力学的仕事**と呼ぶ．

式で書くと，例えば壁から右側の気体に流れ込んだ熱 Q とは，壁が右側の気体にした力学的仕事を W と書くと，

$$Q = [\text{壁から右側の気体に流れ込んだエネルギー}] - W \tag{8.10}$$

のことである．このとき，右側の気体のエネルギー U の増分を ΔU と書くと，エネルギー保存則から，$\Delta U =$ [気体に流れ込んだエネルギー] であるから，上式は，

$$Q = \Delta U - W \tag{8.11}$$

とも書ける．今日の視点からは，この式は，エネルギー保存則あるいは熱の定義式に過ぎないのだが，**熱力学第一法則**と呼ぶのが伝統である．

こんな仰々しい名前が付いた理由は，長い間，熱は「熱素」なるものの流れであると考えられてきたことにある．そのために，熱が単なるエネルギー移動の一形態にすぎないことが見いだされたのは大きな驚きだったのだ．そういう歴史的経緯のために第一法則という名前が付いたわけだ．

なお，熱伝導が悪い材料を断熱材というが，そういう材料で仕切り壁ができている場合には，$Q = 0$ となり，力学的仕事 W だけでエネルギー移動（= 系のエネルギー変化 ΔU）が勘定できる．

参考文献

[1] J. W. Gibbs『The Scienetific Papers of J. W. Gibbs Vol. I』(Longmans, Green, and Co., 1906)

[2] H.B. Callen『Thermodynamics and an introduction to thermostatistics, 2nd edition』(Wiley, 1985)

[3] E. H. Lieb and J. Yngvason, Physics Reports **310** (1999) 1

[4] 田崎晴明『熱力学 ― 現代的な視点から』（培風館，2000 年）

[5] 清水 明『熱力学の基礎 第 2 版 I, II』（東大出版会，2021 年）またはその初版（2007 年）

9 エントロピー

清水 明

《目標＆ポイント》 熱力学の基本原理の中核となるエントロピーを解説する．それを用いた温度の厳密な定義も紹介する．
《キーワード》 エントロピー，単純系，複合系，温度，状態量

9.1 エントロピーの存在

8.7 節で熱を定義したが，これは，勘定に入れ損なったものに「熱」という名前を付けた，というだけなので，それだけでは何も予言できない．それを含めたあらゆる熱力学的過程の予言を可能にするのが，これから説明するエントロピーである．

それを紹介するために，まず念頭においてほしいことがある．物理学において，ある物理量が「存在する」というとき，それは何を意味しているかというと，

① その物理量を矛盾なく定義することができる．
② その物理量を客観的に測定する手段がある．

ということである．例えば，電磁気学に出てくる「磁場」という物理量は，直接見たり触ったりできるわけではないが，いったん定義しておけば，荷電粒子の軌道の曲がり具合でも，磁石が引きあう力でも測定できる．そして，両者の測定値の間に矛盾がない．そのことをもって「磁場という物理量が存在する」というわけである．つまり，日常言語の「存

在する」とはやや異なり，「そういう量を定義したら，測れるし矛盾なく理論が展開できる」という意味なのである．この意味で，エントロピーが存在する：

> 熱力学の基本原理 **II-(i)**：エントロピーの存在
> 　それぞれの平衡状態ごとに値が一意的に定まる，エントロピーという物理量 S が存在する．

9.2　単純系

紙面の制約のため，S の測定法は参考文献を参照していただきたい．ここでは，S がどんな性質をもっている量として定義されるかを説明したい．既知の量の組み合わせとして定義するのではなく，上述のように，このような性質をもつ量が矛盾なく定義できて測定できる，ということである[1]．その説明をするための下準備をしよう．

系の内部に仕切り壁などがなく，その系の中を物質が自由に行き来できるようになっているような系を，**単純系**と呼ぶ．例えば図 8–2 では，仕切り壁の左側も右側も単純系である．全体系は，この 2 つの単純系が合わさった系であるが，そのように複数の単純系が合わさった系を**複合系**と呼ぶ．また，仕切り壁は，物質の行き来を妨げ，左右の系の体積変化も禁じているが，このような制限なり制約を，**束縛**とか**拘束**と呼ぶ．束縛を与える機能をもつものを，壁に限らずひっくるめて呼ぶときは，「 」を付けて「壁」と記すことにする．

熱力学系は，一般には，内部に様々な「壁」をもつ複合系である．そのような系は，頭の中で（つまり，実際に包丁で分割するのではなく）単純系に分割して考える．これは，ミクロ物理学で物質を原子や電子に

1)　実は，伝統的な流儀では温度と熱を使って S を定義するのだが，その場合は，温度の定義が必要になる．いずれの流儀でも，熱力学特有の量を新たに定義する必要があるわけだ．その中で，本書の流儀は，熱力学特有の量としてはエントロピーだけを定義すればすみ，なおかつ，最も適用範囲が広い熱力学になる．

頭の中で分割して考えるのと同様で，こうすることによって，簡潔な基本原理を導入することができるようになるからである．

さらに，マクロな物質の量を分子数で勘定したら莫大な数字になってしまうので，分子数をアボガドロ定数と呼ばれる定数

$$N_{\mathrm{A}} \equiv 6.02214076 \times 10^{23}\ \mathrm{mol}^{-1} \tag{9.1}$$

で割り算した，

$$N = \text{分子数}/N_{\mathrm{A}} \tag{9.2}$$

を用いることが多い．この N を**物質量**といい，単位は mol である．鉛筆を 12 本単位で数えて「ダース」という単位で扱うのと同様である．

また，力学によると，物質のエネルギーは，どんな慣性系で測るかで，重心運動のエネルギー分だけ異なるが，熱力学では，物質が静止しているような慣性系で測ったエネルギー U を用いる．そのような U をしばしば内部エネルギーと呼ぶが，無用な誤解を避けるために本書では単にエネルギーと呼ぶ．熱力学はマクロ系を対象とするので，U も分子スケールに比べて巨大な値をもつマクロな物理量になる．

9.3　単純系のエントロピーの性質

準備が整ったので，S の性質を規定する基本原理を説明する．その際，わかりやすいように，本書では，対象系を普通の気体や液体に限定して説明する[2)]．その体積を V とする．

まず，S は，U, V, N だけで値が決まるとする：

2)　一般論に興味がある読者は参考文献 [1] を参照していただきたい．

熱力学の基本原理 II-(ii)：単純系のエントロピー

単純系のエントロピー S は，その物質の，エネルギー U，体積 V，物質量 N の関数である：

$$S = S(U, V, N) \qquad (\text{単純系}) \tag{9.3}$$

これを基本関係式と呼ぶ．

基本原理 II-(i) で，S の値は「平衡状態ごとに値が一意的に定まる」と述べたが，さらに踏み込んで，平衡状態におけるU, V, Nの値だけわかればSの値もわかってしまう，というわけである．

例 9.1　理想気体の基本関係式は，U の原点を分子の運動エネルギーの原点に選んだときに，

$$S = \frac{N}{N_0} S_0 + RN \ln \left[\left(\frac{U}{U_0} \right)^c \left(\frac{V}{V_0} \right) \left(\frac{N_0}{N} \right)^{c+1} \right] \quad (U > 0) \tag{9.4}$$

ただし，U_0, V_0, N_0 は任意に選んだ U, V, N の値で，$S_0 = S(U_0, V_0, N_0)$ はそのときの S の値，また，R ($\simeq 8.31\text{J/K}\cdot\text{mol}$) は気体定数と呼ばれる定数である．$c$ は分子の内部運動の自由度で決まる正定数で，例えば単原子分子より成る理想気体では $c = 3/2$ である．

ここで，古典力学では U の変域は $U \geq 0$ であるが，熱力学では端の 0 を除いた $U > 0$ が変域であるとする．$U = 0$ を考えたいときは，U の正の側から $U \to 0$ の極限をとればよい．

さて，これから説明していくように，$S(U, V, N)$ は，系のすべての熱力学的性質を決める基本的な関数である．物理学では，そのような基本的な量は，数学的に良好な解析的性質をもっていると考えたい．特異的

な量から特異的な結果が出ても「やらせ」になってしまい，汚らしい理論になってしまうからだ．そこで，

熱力学の基本原理 II-(iii)：基本関係式の解析的性質

基本関係式 (9.3) は，U, V, N いずれについても偏微分可能であり，しかも，どの偏微分係数も連続である．また，U についての偏微分係数は，正で下限は 0 で上限はない．

ここで，**偏微分**とは，複数の変数をもつ関数を，1 つの変数だけを変数だと思って（他の変数は定数だと思って）微分することであり，その結果得られた微分係数を**偏微分係数**という．このとき，微分の記号は d ではなく ∂ を使う．また，以下の例のように，偏微分係数に括弧を付けて，偏微分の際に定数だとみなして固定された変数を，括弧の右下に明記することが熱力学では多い．

例 **9.2**　$f(x, y) = x^2 y^3$ の偏微分係数は，

$$\frac{\partial f}{\partial x} = \left(\frac{\partial f}{\partial x}\right)_y = 2xy^3 \tag{9.5}$$

$$\frac{\partial f}{\partial y} = \left(\frac{\partial f}{\partial y}\right)_x = 3x^2 y^2 \tag{9.6}$$

例 **9.3**　理想気体の基本関係式 (9.4) を U について偏微分すると，偏微分係数は，

$$\left(\frac{\partial S}{\partial U}\right)_{V,N} = \frac{cRN}{U} \tag{9.7}$$

となる．これは確かに，上記の基本原理がいうように，U の変域である $U > 0$ のすべてにおいて連続である．しかも，同原理の後半に書

かれているように，正で下限は 0 で上限はない．

注意して欲しいことは，S を別の変数（例えば，U の代わりに温度）の関数として表したら，このような良好な解析的性質をもつとは限らないことである．例えば，実在の気体は冷やしたら液体になるが，そのとき，S を温度の関数として表した関数は特異的な関数になることが示せる[3)]．つまり，U, V, N は熱力学系にとって特別な変数なのだ[4)]．その特別な変数の値だけ指定すれば，平衡状態が一意的に指定できる：

熱力学の基本原理 II-(iv)：平衡状態の指定

単純系の平衡状態は，U, V, N の値で一意的に定まる．

例えば，理想気体の平衡状態は，U, V, N の値を与えれば一意的に定まる．そして，後述のように，温度や圧力などの値もすべて定まるのだ．

9.4　複合系のエントロピーの性質

エントロピーの性質の最後は，図 8–2 のような複合系に対して，その平衡状態を与える原理である．

8.5 節で述べた基本原理 I-(ii) により，複合系が平衡状態にあれば，その部分系も平衡状態にある．ただ逆に，部分系が平衡状態にあれば複合系も平衡状態にあるかというと，そうとは限らない．

例えば図 8–2 のケースを考えよう．左側の高温ガスから右側の低温ガスに熱が流れるが，もしもその流れが十分にゆっくりであれば，左右それぞれの部分系は，各時点におけるそれぞれの U, V, N の値をもって孤立しているのと同じである．したがって，基本原理 I-(i) により，左右

3)　ただし，例 9.1 の理想気体は，冷やしたら液体になるという当然の性質さえもたない極端に理想化されたモデル系なので，そうはならない．

4)　前述のように，対象系を普通の気体や液体に限定しているので特別な変数が U, V, N になる．それに対応して，熱力学の基本原理 II-(iv) も簡略化した形で紹介している．一般の場合に興味がある読者は参考文献 [1] を参照されたい．

それぞれの部分系は，各時点において平衡状態にある（このケースのように，変化がゆっくりであるために，各時点において平衡状態とみなせるような過程を**準静的過程**という）．しかし，複合系全体としては，これは平衡状態ではなく，十分に熱が流れてその流れが止まった状態こそが平衡状態である．そのような複合系の平衡状態を決めるために，次のような量を考える．

上記のように，複合系が平衡状態にあればその部分系も平衡状態にあるのだから，複合系の平衡状態は，それを構成する部分系のどれもが平衡状態にあるような状態の中から探せばよい．そのような状態では，それぞれの部分系は平衡状態にある単純系なのだから，基本原理 II-(ii) より，基本関係式でエントロピーの値が決まる．すなわち，左右の部分系を番号 1, 2 で呼び分けて，それぞれのエントロピーの値を S_1, S_2，それぞれの U, V, N の値を U_1, V_1, N_1，U_2, V_2, N_2 とすると，

$$S_1 = S_1(U_1, V_1, N_1), \quad S_2 = S_2(U_2, V_2, N_2) \tag{9.8}$$

これを用いて，次のような関数 $\boldsymbol{\mathcal{S}}$ を定義する[5)]：

$$\boldsymbol{\mathcal{S}}(U_1, V_1, N_1, U_2, V_2, N_2) \equiv S_1(U_1, V_1, N_1) + S_2(U_2, V_2, N_2) \tag{9.9}$$

この関数の変数は，全く勝手な値をとれるわけではなく，複合系の束縛条件を満たす範囲内でのみ変化できる．例えば図 8–2 のケースでは，

$$U_1 + U_2 = U = 一定 \tag{9.10}$$

$$V_1 = 固定,\ V_2 = 固定 \tag{9.11}$$

$$N_1 = 固定,\ N_2 = 固定 \tag{9.12}$$

を満たす必要があるので，自由に変化できるのは U_1 だけである（U_2 は

5）拙著『熱力学の基礎』（参考文献 [1]）では $\widehat{S}$ と書いたが，本書では，後の量子論の章で「演算子」に $\hat{}$ を付けるので，別の記号を用いることにした．

$U_2 = U - U_1$ のように，U_1 の値で自動的に決まる）．そこで，上記の条件を満たしつつ U_1 の値を変化させてみると，それに伴って $\boldsymbol{\mathcal{S}}$ の値も変化する．それをグラフにプロットしてみると，山のようになっていることが示せる[6]．実は，その山頂が複合系の平衡状態になる．つまり，$\boldsymbol{\mathcal{S}}$ の最大値を与えるような U_1 の値が平衡状態における値，すなわち U_1 の平衡値になる．そういう U_1 の値をもつ状態が，複合系の平衡状態なのだ．しかも，その平衡状態における複合系のエントロピーは，$\boldsymbol{\mathcal{S}}$ の最大値に等しい．これが，エントロピーの最後の性質である：

熱力学の基本原理 II-(v)：エントロピー最大の原理

複合系の平衡状態は，それを構成するすべての単純系が平衡状態にあって，かつ，与えられた条件の下で，$\boldsymbol{\mathcal{S}}$ が最大になるときに，そしてその場合に限り，平衡状態にある．また，平衡状態における複合系のエントロピーは，$\boldsymbol{\mathcal{S}}$ の最大値に等しい．

例 9.4　図 8–2 の左右に入れたのが同じ理想気体であったとすると，(9.4), (9.9), (9.10) より，

$$\boldsymbol{\mathcal{S}} = \frac{N_1 + N_2}{N_0} S_0 + RN_1 \ln\left[\left(\frac{U_1}{U_0}\right)^c \left(\frac{V_1}{V_0}\right)\left(\frac{N_0}{N_1}\right)^{c+1}\right] + RN_2 \ln\left[\left(\frac{U - U_1}{U_0}\right)^c \left(\frac{V_2}{V_0}\right)\left(\frac{N_0}{N_2}\right)^{c+1}\right] \tag{9.13}$$

この式で，U_1 以外はすべて値が固定されているから，$\boldsymbol{\mathcal{S}}$ が最大になるのは，U_1 に関する偏微分係数がゼロになるところである：

6）　その理由を知りたい読者は参考文献 [1] を参照して欲しい．

$$\left(\frac{\partial \boldsymbol{\mathcal{S}}}{\partial U_1}\right)_{V_1,N_1,V_2,N_2} = \frac{cRN_1}{U_1} - \frac{cRN_2}{(U-U_1)} = 0 \tag{9.14}$$

これを解くことで，U_1 の平衡値が次のように求まる：

$$U_1 = \frac{N_1}{N_1+N_2}U \tag{9.15}$$

例えば $N_1 = 1$ mol，$N_2 = 2$ mol であれば，$U_1 = U/3$ が平衡値である．一方，U, V_1, V_2 の値はあらかじめ与えられてるはずだから（そうでないと，条件不足で平衡状態が求まるわけがない），結局，複合系が平衡状態にあるときの $U_1, V_1, N_1, U_2, V_2, N_2$ の値がすべて定まる．すると，基本原理 II-(iv) より，左右の部分系の平衡状態が定まる．そして，複合系の平衡状態は，そのような状態にある 2 つの部分系が並んでいる状態だとわかる．

さて，基本原理 II を，わかりやすく (i)〜(v) に分けて書いたが，実質的には一体である．これは，エントロピーが 9.1 節で述べた意味で存在することを主張し，その性質を定めたものである．これと，先に説明した基本原理 I と合わせたものが，熱力学の基本原理である．この 2 つの基本原理から，熱力学の様々な「法則」を，定理として導くことができる．

9.5 温　度

例 9.4 の計算を振り返ってみると，(9.14) の右辺第 1 項は，(9.7) からもわかるように，$\left(\frac{\partial S_1}{\partial U_1}\right)_{V_1,N_1}$ である．右辺第 2 項は，$U - U_1 = U_2$ であるから，合成関数の微分法を使えば，$\left(\frac{\partial S_2}{\partial U_2}\right)_{V_2,N_2}$ に $\frac{\mathrm{d}(U-U_1)}{\mathrm{d}U_1} = -1$ をかけたものだとわかる．つまり，(9.14) は，

$$\left(\frac{\partial S_1}{\partial U_1}\right)_{V_1,N_1} = \left(\frac{\partial S_2}{\partial U_2}\right)_{V_2,N_2} \tag{9.16}$$

という式である．すなわち，2 つの部分系の間で熱がやりとりできるときに全体として（複合系として）平衡になるためには，両者の $\left(\frac{\partial S}{\partial U}\right)_{V,N}$ が等しくなければならない，と言っているわけだ．であれば，この偏微分係数に名前や記号を与えておけば便利である．ただ現実には，歴史的理由から，偏微分係数そのものではなく，その逆数に，**温度**という名前と記号 T と単位 $\mathbf{K}$（ケルビン）が与えられた[7)]：

$$T \equiv 1 \bigg/ \left(\frac{\partial S}{\partial U}\right)_{V,N} \tag{9.17}$$

(9.16) は，2 つの部分系の間で熱がやりとりできるときに全体として平衡になるためには，両部分系の温度が一致しないといけない，といっているわけである．

ところで，基本原理 II-(iii) より，Tは正で下限は0で上限はない．したがって T は，日常生活で用いる摂氏温度とは少なくとも原点の位置が異なっている．特に両者の区別を強調する必要があるときには，熱力学における温度を**絶対温度**と呼ぶこともあるが，物理学では絶対温度しか使わないので，単に「温度」といえば絶対温度のことである．

ちなみに，°C を単位とする**摂氏温度** T_{Cel} は，現在では絶対温度 T を用いて次のように再定義されている[8)]：

$$T_{\mathrm{Cel}}/°\mathrm{C} = T/\mathrm{K} - 273.15 \tag{9.18}$$

---

7)　これが，たとえ強い重力で時空が曲がったとしても有効な，最も一般的で厳密な温度の定義である．詳しく知りたい読者は拙著『熱力学の基礎』（参考文献 [1]）第 II 巻 20 章を参照されたい．

8)　$T_{\mathrm{Cel}}/°\mathrm{C}$ や T/K のように，単位がある量をその単位で割り算すればただの数字になるので，このような式が書けるようになる．

右辺の T の係数が1なので，T と T_{Cel} で目盛りの間隔は同じになる．したがって，温度の差だけが効いてくる場合には，T_{Cel} と T のどちらを使っても同じことになる．しかし，温度の絶対値が効いてくる問題では，うっかり T_{Cel} を使ってしまうと全く間違った答えがでる．だから，常に T を使うことを勧める．

9.6　圧力と化学ポテンシャル

温度を定義するに至った前節の議論を振り返ると，

$$
\begin{aligned}
&\text{左右の部分系が熱をやりとりできる}\\
&\to U_1, U_2 \text{ が（} V_1, N_1, V_2, N_2 \text{ とは独立に）変化できる}\\
&\to \text{その条件の下で } \boldsymbol{\mathcal{S}} \text{ が最大}\\
&\to \left(\frac{\partial S}{\partial U}\right)_{V,N} \text{ が左右で等しいときが平衡状態}
\end{aligned}
\tag{9.19}
$$

であった．それを受けてこの偏微分係数を温度（の逆数）と定義したわけである．

では，仕切り壁が可動壁の場合はどうなるだろうか？ 仕切り壁が動けば，左右の部分系の体積が変わるので，上記と同様に考えれば，

$$
\begin{aligned}
&\text{左右の部分系が体積をやりとりできる}\\
&\to V_1, V_2 \text{ が（} U_1, N_1, U_2, N_2 \text{ とは独立に）変化できる}\\
&\to \text{その条件の下で } \boldsymbol{\mathcal{S}} \text{ が最大}\\
&\to \left(\frac{\partial S}{\partial V}\right)_{U,N} \text{ が左右で等しいときが平衡状態}
\end{aligned}
\tag{9.20}
$$

となる．であれば，この偏微分係数にも，名前や記号を与えておけば便利である．ただし，力学的に定義された通常の意味の圧力と一致する

ように（参考文献 [1] 9.6 節），偏微分係数そのものにではなく，次の量に圧力という名前と記号 P が与えられた：

$$P \equiv T \left(\frac{\partial S}{\partial V} \right)_{U,N} \tag{9.21}$$

例 9.5　例えば理想気体なら，(9.4) を偏微分して，

$$P = T \frac{RN}{V} \tag{9.22}$$

となる．これを変形すると，高校で習う理想気体の状態方程式

$$PV = RTN \tag{9.23}$$

が得られる．ちなみに，温度の定義式 (9.17) を理想気体の場合に計算すると，

$$T = \frac{U}{cRN} \tag{9.24}$$

を得るが，これを変形すると，やはり高校で習う（こともある）

$$U = cRNT \tag{9.25}$$

という式を得る．これらに限らず，たった一本の基本関係式さえあれば，その系のすべての熱力学的性質を導くことができる．

さて，力学における力の釣りあいから，2 つの部分系の間が可動壁である場合に全体として平衡になるためには，両部分系の圧力が一致しないといけない．たしかにそうなっていることを，次の例で確かめてみよう．

例 9.6 図 8–2 の仕切り壁が，熱を通すだけでなく，可動壁である場合を考えよう．すると，束縛条件は

$$U_1 + U_2 = U = 一定 \tag{9.26}$$

$$V_1 + V_2 = V = 一定 \tag{9.27}$$

$$N_1 = 固定,\ N_2 = 固定 \tag{9.28}$$

になる．(9.27) が以前の (9.11) とは異なっている．例 9.4 と同様に，左右に入れたのが同じ理想気体であったとすると，左右の温度が等しくなるという条件から出てくる結果は例 9.4 と全く同じである．今回は，可動壁であるために，それに加えて $\left(\dfrac{\partial S}{\partial V}\right)_{U,N}$ が等しくなるという (9.20) の条件も必要になる．したがって，(9.21) より，P も等しいことがわかった．

どんな平衡状態が実現するかを具体的に求めるには，(9.22)，(9.27) と T が等しいことより，

$$\frac{N_1}{V_1} = \frac{N_2}{V - V_1} \tag{9.29}$$

これを解くことで，V_1 の平衡値が次のように求まる：

$$V_1 = \frac{N_1}{N_1 + N_2} V \tag{9.30}$$

例えば $N_1 = 1$ mol，$N_2 = 2$ mol であれば，$V_1 = V/3$ が平衡値である．

ついでながら，壁が，熱を通し可動なだけでなく，さらに物質も通す場合にはどうなるか？ これはもはや壁がないのと同じであるが，同様に考えれば，$\left(\dfrac{\partial S}{\partial N}\right)_{U,V}$ が左右で等しいときが平衡状態だとわかる．歴

史的理由から，この偏微分係数そのものではなく，

$$\mu \equiv -T \left(\frac{\partial S}{\partial N} \right)_{U,V} \tag{9.31}$$

に化学ポテンシャルという名前と記号 μ が与えられた．化学ポテンシャルは，化学の分野で重要な役割を演ずるが，ここでは深入りする余裕はないので，興味がある読者は化学熱力学の教科書や，参考文献 [1] の第 II 巻の 19 章を参照していただきたい．

9.7 状態量

当然ではあるが，平衡状態のそれぞれについて，U, V, N の値は定まっている．このように，各平衡状態に対して一意的にその値が定まるマクロ物理量を状態量と呼ぶ．その意味で，状態量とは，それぞれの平衡状態が「もつ」マクロ物理量である，ともいえる．

U, V, N の値が定まれば，基本関係式から S の値も定まるから，エントロピーも状態量である．さらに，T, P, μ の値も基本関係式から定まるから，温度，圧力，化学ポテンシャルも状態量である．

これに対して，力学的仕事 W や熱 Q は状態量ではない．力学的仕事により系に入ったエネルギーも，熱として入ったエネルギーも，いったん系のエネルギーとして取り込まれ，系の中で分子運動などに変換されて，U, V, N で定まる平衡状態に達してしまえば，どちらも系のエネルギーを変化させただけの役割にすぎなくなり，全く区別がつかなくなる．なぜなら，基本原理 II-(iv) により平衡状態が U, V, N だけで一意的に定まるので，どんな過程で U がその値になったかどうかとは無関係に，（最終的な U, V, N の値が同じでありさえすれば）同じ平衡状態になるからである．

このことを実験的に示したのが，有名なジュールの実験である．彼は，

容器に入った水に対して，羽根車で仕事量 W の力学的仕事を行った場合でも，熱い物体と接触させて Q だけ熱を移動させても，$W = Q$ であれば，平衡状態に達した後では全く同じマクロ状態になっていることを実験で示した．これにより，「この平衡状態がもつ力学的仕事の量」とか，「この平衡状態がもつ熱の量」などというものを矛盾なく定義することはできないことがわかり，物理学からは排除された．また彼は，それまで熱の単位として使われていた「カロリー」と，仕事の単位であるJ（ジュール）の比例定数である**仕事当量**を決定した．これにより，熱と仕事を別の単位で測る必要はなくなり，今日では，栄養学などの一部の分野を除くと，どちらも同じエネルギーの単位 J を用いる．

参考文献

[1] 清水 明『熱力学の基礎 第 2 版 I, II』（東大出版会，2021 年）

10 不可逆性

清水 明

《目標＆ポイント》 マクロ系の物理学の最大の特徴である，不可逆性を説明する．その普遍性を説明し，応用として，熱と仕事の変換効率を説明する．
《キーワード》 操作，遷移，不可逆性，熱機関，冷却効率，ヒートポンプ

10.1 平衡状態間の遷移

再び図 8–2 のケースを考えよう．仕切り壁は，気体は通さず，堅くて固定されているとする．したがって，左右の気体の物質量 N_1, N_2 も，体積 V_1, V_2 もずっと変わらない．一方，熱を通すかどうかは，次のように途中で変更するとしよう．こういう手順の実験を考える，ということである．

1. 初めは，仕切り壁に断熱材が貼り付けてあり，熱を通さなかった．このときの左右の気体のエネルギーは，$U_1^{\rm a}, U_2^{\rm a}$ だったとする．
2. そのまましばらく放置すれば，基本原理 I-(i), (ii) により，仕切り壁が熱を通さないという束縛条件の下での平衡状態に達する．これを平衡状態 (a) と名付けよう．この状態における左右の気体のエネルギーは，1 における値から変化することが許されていないのだから，$U_1^{\rm a}, U_2^{\rm a}$ のままである．
3. 次に，仕切り壁から断熱材を剥がし，熱を通すようにする．すると，熱が流れるので，しばらくの間は非平衡状態になる．

4. やがて熱の流れが止み，仕切り壁が熱を通すという条件の下での平衡状態に達する．それを平衡状態 (b) と名付けよう．この状態における左右の気体のエネルギーは例 9.4 で求めた．その結果は，$U_1^{\rm a}, U_2^{\rm a}$ と区別するために添え字 b を付け，$U_2 = U - U_1$ も使えば，

$$U_1^{\rm b} = \frac{N_1}{N_1 + N_2} U, \quad U_2^{\rm b} = \frac{N_2}{N_1 + N_2} U \tag{10.1}$$

この実験を 8.6 節の言葉を使って振り返ると，2 で到達した平衡状態 (a) にあった系に対して，3 で断熱材を剝がすという操作をした結果，エネルギーの流れに対する束縛条件がなくなり，4 の平衡状態 (b) へ遷移したわけだ．なぜこのような平衡状態 (a) から (b) への遷移が起こったのかを，熱力学の基本原理と付き合わせて考えてみよう．

10.2 エントロピー増大則

この系は複合系だから，9.4 節で紹介した基本原理 II-(v) により，左右の気体がそれぞれ平衡状態にあって，かつ，与えられた条件の下で $\boldsymbol{\mathcal{S}}$ を最大にする状態が平衡状態である．そして，その $\boldsymbol{\mathcal{S}}$ の最大値が，この平衡状態における S の値である．

2 の条件の下では，左右の気体のエネルギーは 1 における値から変化することが許されていない（束縛がある）から，$\boldsymbol{\mathcal{S}}$ を最大にするようなエネルギー値を探す必要がなく（つまりすでにその条件の下での最大値にある），ただ，左右の気体がそれぞれ（8.5 節の基本原理 I-(i) に従って）平衡状態に達するのを待てば，その状態が複合系としても平衡状態になる．それが平衡状態 (a) であった．したがって，この平衡状態のエントロピーの値を $S^{\rm a}$ と書くと，それは (9.9) に $U_1 = U_1^{\rm a}$, $U_2 = U_2^{\rm a}$ を代入した，

$$S^{\mathrm{a}} = \boldsymbol{\mathcal{S}}(U_1^{\mathrm{a}}, V_1, N_1, U_2^{\mathrm{a}}, V_2, N_2) \tag{10.2}$$

である．

ところが，3 において実験家が断熱材を剥がすという操作をした結果，左右の気体のエネルギーが（$U_1 + U_2 = U =$ を満たす範囲内で）変化できるようになった（束縛がなくなった）．その新しい条件下では，もはや $\boldsymbol{\mathcal{S}}$ は最大ではなく，もっと $\boldsymbol{\mathcal{S}}$ が大きい状態がある．エネルギーが変化できないという厳しい条件の下での最大値より，エネルギーが変化してもいいという緩い条件の下での最大値の方が，当然ながら大きいからだ．ということは，基本原理 II-(v) により，複合系は平衡状態にはない．そうなると，基本原理 I-(i) により，この条件の下での平衡状態に向かって系の状態は（熱が流れて）変化してゆく．

そして，$\boldsymbol{\mathcal{S}}$ がこの新しい条件下で最大になるまで熱という形態でエネルギーが流れると，そこで流れが止み，左右の気体は，この新しいエネルギーの値 (10.1) における平衡状態にそれぞれ達する．それが 4 で到達した複合系の平衡状態 (b) である．したがって，この平衡状態のエントロピーの値を S^{b} と書くと，

$$S^{\mathrm{b}} = \boldsymbol{\mathcal{S}}(U_1^{\mathrm{b}}, V_1, N_1, U_2^{\mathrm{b}}, V_2, N_2) \tag{10.3}$$

である．そして，この説明から明らかなように，

$$S^{\mathrm{b}} > S^{\mathrm{a}} \tag{10.4}$$

である．つまり，実験家が，仕切り壁から断熱材を剥がすという，たいしてエネルギーもいらない，束縛条件を変えるだけの操作をしただけで，この複合系は，自発的に平衡状態 (a) から (b) へと遷移し，その結果，エントロピーは増加したのである．

「たいしてエネルギーもいらない」というのがピンとこない読者は，この複合系が，巨大な倉庫だと想像してみて欲しい．すると，エネルギーの変化量 $U_1^{\mathrm{a}} - U_1^{\mathrm{b}}$ は莫大になる．そんな大量のエネルギーを倉庫の左側から右側へ運ぶのはいかにも大変そうだ．それに比べれば，壁から断熱材を剝がすのはずっと楽だろう．ところが実際には，後者をするだけで，後は系が自発的にエネルギーを移してくれるのだ．

ただし，もちろん，U_1^{a} の値がたまたま U_1^{b} と等しかったときは，すでに $\boldsymbol{S}$ が最大になっているから，断熱材を剝がしても何も起こらない．エントロピーも変化しない．

この簡単な例でみたことが，全く一般の系でも成り立つことが（ここではやってみせないが）証明できる：

熱力学の定理 10.1　孤立系の内部束縛を除去した後に達成される平衡状態のエントロピーは，除去する前の平衡状態のエントロピーよりも，大きいか，または値が変わらない．後者の場合は，マクロには何も変化が起こらないが，そのようになるのは，内部束縛を除去する前から，部分系が内部束縛がないときの平衡状態と同じ状態であった場合に限られる．

次に，実験の続きをする．

5. 平衡状態 (a) に戻せるのではないかという淡い期待を抱いて，仕切り壁に再び断熱材をかぶせる．しかし，何も変化は起こらず，状態は平衡状態 (b) のままである．なぜなら，すでに $\boldsymbol{S}$ が最大になっているからだ．

これは要するに「覆水盆に返らず」である．これもまた，全く一般の系でも成り立つことが証明できる：

熱力学の定理 10.2　平衡状態にある孤立系に，どの部分系の U, V, N の値も直接には変えないようにしてあらたに内部束縛を課すと，マクロには何も変化が起こらず，エントロピーの値も変わらない．

これら 2 つの定理から，次の（名前が基本原理 II-(v) である「エントロピー最大の原理」と紛らわしいが）**エントロピー増大則**が結論できる：

熱力学の定理 10.3　孤立系のエントロピー増大則

平衡状態にある孤立系に対して，外部から操作できるのが，どの部分系の U, V, N の値も直接には変えないようにして内部束縛をオン・オフすることだけだとすると，系のエントロピーは増加するか変わらないかのいずれかであり，決して減少しない．

10.3　不可逆性

前節の定理 10.1〜10.3 が語っているのは，もしも平衡状態 (a) と (b) が異なっていたら，「内部束縛をオン・オフすることだけ許す」という同じルールの下では[1]，行き（平衡状態 (a) → 平衡状態 (b)）は可能だが帰り（平衡状態 (b) → 平衡状態 (a)）は不可能というような，一方通行になるということだ．このことを**不可逆性**といい，この「行き」のように後戻りができない過程を**不可逆過程**と呼ぶ．

これに対して，孤立系に対するミクロな運動法則は，時間反転について対称である．つまり，ある運動が物理的に可能であれば，それを時間的に逆にたどるような運動も常に可能である．マクロ系はミクロ系の自由度が極端に多いものとみなせるのに，時間反転対称性が消えてなく

1）何をやってもいい，にしてしまったら，平衡状態 (a) に戻すのは自明に可能である．例えば，平衡状態 (b) を捨ててしまって．実験をやり直せばよい．

なってしまうのである．つまり，不可逆性は，マクロ系に特有の現象である．

エントロピー増大則のことを，しばしば**熱力学第二法則**とも呼ぶ．「熱力学第二法則」にはこれ以外にも様々な表現の仕方があるのだが，それらは互いに等価であることが示されている．その一部を紹介しておく：

熱力学の定理 10.4　部分系のエントロピー増大則
物質を通さない断熱壁で囲まれた系に力学的仕事をすると，系のエントロピーは増加するか，非常にゆっくり（準静的に）仕事がなされる場合には一定値を保つ．

熱力学の定理 10.5　熱の移動の向き
物質を通さない堅い透熱壁を介して 2 つの系を熱接触させると，熱は高温の系から低温の系へと移動する．

これらの定理も，不可逆性を表している．

10.4　普遍性と定量性

さて，不可逆性を表す定理たちは，覆水盆に返らずということを，ただ難しく言っているだけで自明ではないか，といぶかしんだ読者もいるのではないだろうか？ 確かに，前節の簡単な例では，熱力学を知らなくても，定性的には何が起こるか容易に想像できるだろう．

しかし，これらの定理の著しい点は，まず，強大な**普遍性**にある．つまり，どんな物質から成るどんな複雑なマクロ系でも成り立つおかげで，直感では想像がつかないようなケースや，さらに，具体的な系の構造を与えられていないケースでさえも，結論することができる．さらに，定量的な予言までできる．例えば，上記の不可逆過程の例で，「内部束縛をオン・オフすることだけ許す」というルールを外せばもとの状態 (a) に戻すこともできるのだが，そのように不可逆性に逆らおうとしたときにどれくらい苦労するかが定量的に予言できる．それを用いれば，例えば冷蔵庫やクーラーの効率の原理的な上限を求めることができる．次の 10.5，10.6 節で，これらのことを説明しよう．

10.5　熱と仕事の変換効率

ジュールの実験で確立されたのは，「熱も仕事もどちらもエネルギー移動である」ということであった．その点については熱と仕事は等価である．では，熱と仕事は他の面でも等価なのだろうか？

これをみるためには，一方を他方に変換することが可能かどうかを調べるのがわかりやすい．もしもどちらの方向にも常に 100% の効率で変換することが可能であれば，実質的に両者は等価である．一方に他方の役割をさせたかったら，変換してから使えばよいからだ．ところが，以下でみるように，実際にはこの変換は全く自由にできるわけではなく，基本的な制限が付く．相互変換の可能性という点では熱と仕事は等価ではないのだ．これもマクロ系特有の不可逆性の帰結である．

(1)　サイクル過程とその効率

まず，状況設定をきちんとしよう．状況設定を曖昧にしていては，無意味な混乱が生じるからだ．巷間騒がれるほとんどの「パラドックス」は，その類いの混乱にすぎない．

まず，もしも着目系の始状態と終状態が異なっていてもよいとしてしまったら，熱と仕事はどちら向きにも 100% の効率で変換できてしまい，違いがみえない．そこで，実用上も重要な「サイクル過程」を考察の対象にする：

定義：サイクル過程
　初め平衡状態にあった着目系が，いくつかの外部系と熱や力学的仕事をやり取りしたあげく，最後に落ち着いた状態が最初と同じ平衡状態であるとき，この過程を**サイクル過程**と呼ぶ．

　明らかに，サイクル過程を何度も繰り返す過程もサイクル過程である．ピストンを一回だけ動かしたらそれ以上は仕事ができないような機械では特殊な用途以外には役に立たないので，エンジンなど多くの動力機械は，サイクル過程で仕事をする機械になっている．

　一般に，ある目的について，達成できた成果の大きさと支払ったコストとの比を効率と呼ぶ．以下の具体例でもわかるように，効率はそれぞれの目的に応じて定義をするのであるから，目的が異なれば効率の定義も異なるし，同じ機械でも，異なる用途（目的）に使用すれば，効率は異なる．

　以下では，サイクル過程における熱と仕事の間の変換効率を考える．その際，最初と最後は（着目系だけでなく）全系が平衡状態にあるとする．そうでなくてもよいとしてしまうと，スタート地点とゴール地点が曖昧になってしまうからだ．また，一時的に収支をマイナスにする代わりに総合的には大きなプラスになるような過程もありうるので，エネルギーが出入りしている途中で効率を計算するのは適当ではない．したがって，最後に平衡状態に落ち着いた後で収支を計算して効率を求める．商店でも，収支をきちんと計算するには，「棚卸し日」を設けて１日だけ入出荷を止めて計算するが，それと同じことである．

(2) 仕事から熱への変換

外から仕事 W (> 0) を受け取り，その仕事を適当な外部系 e へと流れる熱 Q_e (> 0) に変換するサイクル過程を考える．この場合の仕事から熱への変換効率 $\eta_{W \to Q}$ は

$$\eta_{W \to Q} \equiv Q_\mathrm{e}/W \tag{10.5}$$

と定義するのが妥当だろう．これはどれぐらい大きくできるのか？ エネルギー保存則から来る最大値である 1 になるようなやり方は存在するのか？

答えはイエスである．例えば図 10–1 のような系で，プロペラを回せば（それに要する力学的仕事を W とする），それにかき回されて高温になった左側の系から，右側の系へと熱 Q_e が流れる．右側の系が十分に大きければ，熱が十分に流れて，左側はもとの状態に戻る．すると，エネルギー保存則から $Q_\mathrm{e} = W$ であるから，

$$\eta_{W \to Q} = 1 \tag{10.6}$$

が達成できた．

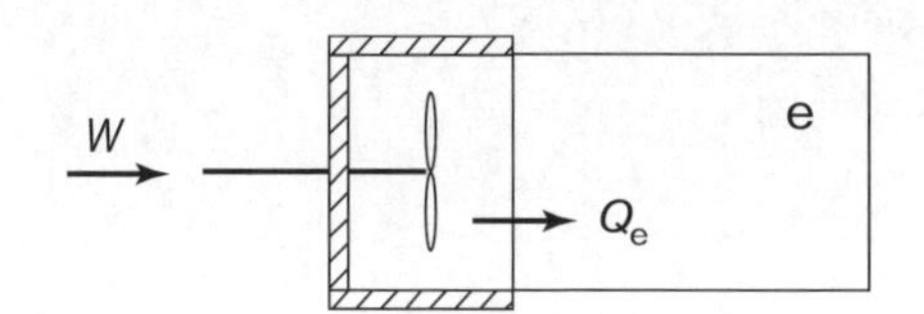

図 10–1　仕事を熱に変換するサイクル過程の一例
斜線部は断熱壁．

(3) 熱から仕事への変換

(2)とは逆に，ある高温系 H から受け取った熱 Q_H (> 0) を，適当

な外部系 e への仕事 W_{e} (>0) に変換するサイクル過程を考える．代表的なのは，ワットの蒸気機関や，熱を電気的仕事に変換する火力発電所や原子力発電所である．これらを総称して**熱機関**と呼ぶ．

このような熱機関の効率，すなわち熱から仕事への変換効率 $\eta_{Q\to W}$ は，

$$\eta_{Q\to W} \equiv W_{\mathrm{e}}/Q_{\mathrm{H}} \tag{10.7}$$

と定義するのが妥当である．これはどこまで大きくできるのか？ エネルギー保存則から来る最大値である 1 になるようなやり方は存在するのか？ 以下で述べるように，答えはノーである！

ここでは証明の仕方を説明する余裕はないが，今までに説明した熱の定義（エネルギー保存則）と，不可逆性に関するいくつかの定理を組み合わせると，次の驚くべき結果が導ける：

熱力学の定理 10.6　熱機関の効率

高温系 H から低温系 L への熱の移動を外部系への仕事に変換するサイクル過程の変換効率 $\eta_{Q\to W}$ は，H の温度を T_{H}，L の温度を T_{L} として，次の不等式を満たす：

$$\eta_{Q\to W} \le 1 - \frac{T_{\mathrm{L}}}{T_{\mathrm{H}}} \tag{10.8}$$

つまり，どんな物質を使っても，どんな工夫をしても，右辺の上限値を超えることはできないのである．そして，T_{H} が有限であることと，ずっと絶対零度でいられる系（$T_{\mathrm{L}}=0$）を用意するのは不可能であることが示せるので，$\eta_{Q\to W}$ は 1 には達しない．つまり，熱を仕事に変換するサイクル過程の変換効率は決して 100% には届かないのである．

一方，前節で，逆向きに変換するサイクル過程の効率は容易に 100% になることをみた．したがって，同じエネルギー移動の形態でも，仕事と熱とでは，その「使い勝手」が違う．熱は使い勝手が悪いエネルギー移動の仕方なのだ．だから，エネルギーを蓄えるときは，直接に仕事として取り出せる形で蓄えておく方がよい．例えば，（スペースなどの実用上の問題を抜きにすれば）水を温めておくよりも，くみ上げておく方がよいのである．

例 10.1　気温 20°C のときに，燃焼温度が 600°C の薪を燃やして熱機関を動かすと，その効率の上限は，(9.18) を用いて摂氏温度を絶対温度に換算して (10.8) に代入して，

$$\eta_{Q \to W} \leq 1 - \frac{20 + 273.15}{600 + 273.15} \simeq 0.66 \tag{10.9}$$

と求まる．もちろん，これは原理的な上限なので，実在の熱機関はもっと効率が悪い．

（4） 結果の普遍性

上記の定理は，効率の上限が，熱機関の仕組みや材料とは無関係に，高温系と低温系の温度だけで決まるということも主張している．この主張がいかにすさまじい主張であるか，読者は感じ取っていただけるだろうか？　もしも，個別の熱機関についてその最大効率を調べるのであれば，試作してみるとか，スーパーコンピュータでも使って大がかりなシミュレーションを行って調べることになろう．しかし，それでわかるのは，その（構造と材料の）熱機関のことだけであり，他の熱機関については何もわからない．ところが，熱力学を用いると，まだ発明されてもいないものも含むあらゆる熱機関をすべて調べ上げたとしても上記の効率を

超えるものは決して存在し得ない，ということがいきなりわかってしまうのだ.

これは，実用上も大きな意味をもつ．原理的限界が判れば，「そこまではいけるはずだ」ということで到達目標になる．また，ほとんど原理的限界に近いものが作れたとしたら，それ以上その方向で努力しても無駄なこともわかる．それ以上の効率を得たければ，上記の限界を導く際の議論のどこかが成り立たないような状況を考えるしかないわけだ．そうした発想から，画期的な発明への道が開けることもあるだろう．例えば，燃料電池は，熱だけを電力に変換しているわけではないから，上記の限界に縛られず，将来を嘱望されている.

10.6 冷蔵庫や冷暖房機の効率

(1) 冷蔵庫とクーラーの効率

定理 10.5 をよく見ると，何も働きかけずに熱接触させたら熱が高温側から低温側に流れる，といっている．裏を返せば，外部系に仕事をさせれば，熱を低温側から高温側に移動できる．これをサイクル過程として行う典型例が冷蔵庫であり，電力で仕事 W をすることによって，低温系（冷蔵庫内部）から高温系（室内）に熱を移動させている．クーラーも同様で，その場合は低温系が室内で，高温系は戸外になる.

このような場合，「冷やす」という目的のために支払ったコストは仕事量 W で，成果の大きさは低温系から移動できた熱の総量 Q_{L} だから，このときの冷蔵庫やクーラーの効率，すなわち冷却効率 $\eta_{冷}$ としては，

$$\eta_{冷} \equiv Q_{\mathrm{L}}/W \tag{10.10}$$

を採用するのが適切である．これについては，次の結果が証明できる：

熱力学の定理 10.7　外部系がなす仕事を利用して低温系 L から高温系 H へと熱を移動するサイクル過程の冷却効率 $\eta_{冷}$ は，H の温度を T_H，L の温度を T_L として，次の不等式を満たす：

$$\eta_{冷} \le \frac{T_\mathrm{L}}{T_\mathrm{H} - T_\mathrm{L}} = \frac{1}{T_\mathrm{H}/T_\mathrm{L} - 1} \tag{10.11}$$

つまり，どんな物質を使っても，どんな工夫をしても，右辺の上限値を超えることはできないのである．これが，10.4 節で述べた，「不可逆性に逆らおうとしたときにどれくらい苦労するかが定量的に予言できる」の一例である．

ただし，$\eta_{Q\to W}$ とは違って，この上限値は容易に 1 より大きくなる．$0 < T_\mathrm{L} < T_\mathrm{H}$ だけ守ればよいから，例えば $T_\mathrm{H}/T_\mathrm{L} = 1.5$ なら上限は 2 になる．このように，熱を高温側に向けて移動させるのに要する仕事は，移動させる熱よりも少なくてすむのである．その理由は次のように説明できる：仕事で手助けしてやらないと，全系のエントロピーが減少してしまうために，熱は高温側へ向かっては移動しない．ところで，上述のように，熱の移動は，仕事には 100% は変換できないという，使い勝手が悪いエネルギー移動の形態であった．今の場合は，その使い勝手の悪い形態で構わないから，とにかくエネルギーを移動させればよい．このため，わずかに手助けするだけで，（全系のエネルギーが上昇するために）全系のエントロピーが増加に転じ，熱を高温側へ移動できる．仕事は全系のエントロピー変化を正にすることだけに使えばよいのであり，移動させた熱の量よりも少ない仕事で足りる．

例 10.2 外気温 32°C のときに，クーラーをつけて部屋の温度を下げようと思う．設定温度を 28°C にしたときと，24°C にしたときとで，冷房効率の上限を比較しよう．(9.18) を用いて摂氏温度を絶対温度に換算して (10.11) に代入すれば，それぞれ，

$$\eta_{冷} \leq \frac{28+273.15}{32-28} \simeq 75 \tag{10.12}$$

$$\eta_{冷} \leq \frac{24+273.15}{32-24} \simeq 37 \tag{10.13}$$

だとわかる．設定温度がたった 4°C 違うだけで，2 倍以上も冷房効率が違ってしまうことがわかる．もちろん，これは原理的な上限なので，実在のクーラーはもっと効率が悪いが，例えば実在のクーラーが上記の値の 3 割の効率だとしても，冷房効率の比は変わらないので，やはり 2 倍以上も冷房効率が違うことになる．

この例から，エアコンの温度設定のわずかな差が，いかに大きく消費電力量を左右するかがわかる．暑いときは薄着をしましょう！[2]．

(2) 暖房機の効率

例 10.2 のクーラーの例では，ほどよい気温に保たれた室内から暑い戸外へと，熱を移動させることで冷房機として動作していた．冬になると，戸外の方が気温が低くなるので，室内と戸外の気温の上下は逆転する．そのときは，クーラーの室内機と室外機の動作を逆転させれば，寒い戸外から暖かい室内へと熱を移動させることができて，暖房になる．こうやって熱を得る機械を**ヒートポンプ**と呼ぶ．最近のエアコンの多くは，クーラーとして動作するかヒートポンプとして動作するかをスイッチひとつで切り替えられるようになっている．

---

2) ある国際会議を開催するための打ち合わせが米国のホテルで開かれ，真夏だったので筆者は薄着で参加したのだが，冷房が強烈に効いていて，筆者は部屋に毛布をとりに行ったほどであった．国際条約で冷房温度の下限を決めて欲しいと切に願う．

ヒートポンプの効率，すなわち暖房効率 $\eta_{暖}$ としては，

$$\eta_{暖} \equiv \frac{Q_{\mathrm{H}}}{W} \tag{10.14}$$

を採用するのが適切である．これについて，次の結果が証明できる：

熱力学の定理 10.8　低温系 L から高温系 H へと熱を移動するヒートポンプの効率 $\eta_{暖}$ は，H の温度を T_{H}，L の温度を T_{L} として，次の不等式を満たす：

$$\eta_{暖} \leq \frac{T_{\mathrm{H}}}{T_{\mathrm{H}} - T_{\mathrm{L}}} = \frac{1}{1 - T_{\mathrm{L}}/T_{\mathrm{H}}} \tag{10.15}$$

上限値である右辺が，必ず 1 より大きくなることに注意しよう．ヒートポンプは，戸外にあるエネルギーを室内に運ぶだけであり，電力はその運搬に必要とされるだけだから，効率がよいのだ．もちろんこれは原理的な上限だから，実際のエアコンの効率はここまではいかないが，それでも（放送授業で示すように[3]）1 を大きく上回っている．

それに対して，電気ストーブや赤外線ヒーターは，仕事を熱に変換しているだけなので，

$$\eta_{暖} \leq 1 \quad \text{(電気ストーブや赤外線ヒーター)} \tag{10.16}$$

である．つまり，熱力学を賢く使ったヒートポンプの圧勝である．このことから，ヒートポンプは省エネ機器として注目されており，エアコンだけでなく，床暖房や湯沸かし器などとしても商品化されている．

---

3)　放送授業では，エアコンのスペック表の見方についても解説する．

10.7　さらに学びたい読者への指針

3つの章に分けて熱力学の基礎の基礎を解説した．すでに熱力学を学んだことがある読者は，そのときに学んだ内容とずいぶん異なっていると感じておられるかもしれない．それは，本書では，実用上便利な公式などはすべて省いて，基礎の基礎の核心部分だけを説明したからである．

実用上便利な公式は，どれも，本書で述べた基本原理だけから導出できる．さらに，それぞれの状況に適した近似を行えば，例えば化学で使われる有用な近似公式なども導出できる．中学・高校の理科や，大学の授業でも，通常は，そのような便利な公式や近似公式を中心に教えることが多い．

しかし，そういう教え方をする場合には，どうしても，基本原理はおざなりになりがちである．たった3回の授業で熱力学を学ぶのであれば，莫大な数の公式ではなく，むしろ，簡潔な基本原理だけを学ぶ方が有意義であると筆者は考えた．

それでは物足りないという読者は，是非，参考文献に挙げた，進んだ教科書に挑戦してみて欲しい．浸透圧や凝固点降下などの，高校理科や化学で用いられる近似公式も，紹介するだけではなく，どのような手続きで導かれ，どういうときに使ってよい公式なのかが説明されているので，他の教科書を読んでもわからなかった人には特にお勧めしたい．

参考文献

[1] 田崎晴明『熱力学 — 現代的な視点から』（培風館，2000年）
[2] 清水 明『熱力学の基礎 第2版 I, II』（東大出版会，2021年）

11 古典論から量子論へ

清水 明

《目標＆ポイント》 量子論が必要とされた理由を理解し，古典論と量子論の基本的枠組みの違いを大づかみに理解する.
《キーワード》 古典論，量子論，実在論

この章からは，量子論の入門的講義を行う.

11.1 どこに重点を置くか

量子論の入門的講義というと，とかく，粒子がひとつだけあるという簡単な系の「シュレディンガー方程式」を紹介して，それを解いてみせる，という「応用の第一歩」的な内容になりがちである．しかし，そういう訓練は物理学科や化学科の学生には必須ではあるものの，「量子論の本質に迫る」という観点では，ずいぶんと遠回りになってしまう.

実際，量子論の発展の歴史を振り返ってみても，最初の半世紀以上の間は量子論を様々な系に適用してみる応用的な研究に重点が置かれた．工学でも，例えば半導体に「バンド構造」というものができるという量子論の帰結を用いて，トランジスターやLEDが作られたが，それを解説する教科書を読めばわかるように，バンド構造ができることだけ受け入れてしまえば，後は量子論の知識はほとんど要らない．例えばLEDは，2種類の古典粒子が一定の確率で対消滅して光を出す，という古典モデルでほぼ理解できる．量子論の効果は，粒子が2種類あるかのように系が振る舞うことと，それぞれの粒子の実効的な質量（有効質量）と,

対消滅の確率などの，古典モデルの構造とそのパラメータたちに押し込むことができるのである．このように古典モデルで理解できるのが従来の（そして現在も主流の）量子論を利用した工学である．

このような，豊かな実りをもたらした量子論の応用と工学の発展が世の趨勢であったために，量子論と古典論の本質的な違いの研究は脇に追いやられて，遅々として進まなかった．それが，1964年になって，ようやくブレークスルーが訪れた．J. S. Bell がベルの不等式を発見したのである．これは，（情報が光の速さを超えて伝わるようなクレイジーなモデルでない限りは）どんな古典モデルでも記述できないような現象が自然界にはあり，それを量子論なら記述できる，ということを証明した不等式である．それが量子論の本質であると，Bell は喝破したのである．

この発見を端緒に，量子論の本質を見直す研究が進み始め，多くの事がわかってきた．近年は，この Bell の研究に始まる本質的な違いを積極的に利用した新しい**量子技術**を，世界中の政府や民間企業が大々的に研究するようになった．従来の量子技術との違いは，古典モデルでは記述できないような量子論と古典論の本質的な違いを，積極的に利用するか否かという点にある．

そこで，4回しかない本講義では，一粒子系のシュレディンガー方程式から出発する従来のスタイルではなく，量子論の本質に迫りやすいようなスタイルを採ることにする．

11.2 古典物理学の限界

量子論は，最初はニュートン力学の量子論版である**量子力学**から始まり，やがて，電磁気学や電気力学の量子論版である**量子電気力学**へと発展していった．いまでは，さらに適用範囲を広げて，宇宙全体に適用したり，さらには時空そのものまで記述することを目指して拡張されようとしている．量子論とは，これらの総称である．これに対して，量子論以前の物理学を，古典物理学あるいは古典論と呼ぶ．

古典物理学は，身の回りの現象のみならず，太陽系の天体の運動などにまでその有効性が確認された，きわめて強大な普遍性をもった理論であった．しかし，20 世紀の初頭前後から，その限界がみえてきた．その限界を打ち破るために生み出された理論が量子論であった．

そこでまず，古典物理学の限界を（数えきれないほどある中からほんの）いくつか紹介し，さらに，量子論ができあがってからみえてきた，古典論と量子論の本質的な違いについても紹介する．

（1） 原子の大きさと安定性

身の回りの物質は原子の集まりである．原子は，原子核と電子から成っている．安定な状態にある原子は決まった大きさをもっている．その大きさは，例えば水素原子ならば，半径がおよそ 0.5×10^{-10} m である．20 世紀の初め頃，ラザフォード（Rutherford）らの活躍で，原子核がとても小さくて，電子がそのまわりに何らかの形で広がって存在しているらしいことがわかってきた．したがって，原子の大きさは，電子の広がりの大きさで決まっていることになる．では，電子はどのような形態で原子核のまわりに広がっているのか？

19 世紀までにできあがった物理学では，物体の運動は，基本的に，ニュートン力学（古典力学）とマックスウェルの電磁気学（古典電磁気学）で記述されると考えられていた．原子核は正電荷をもち，電子は負電荷をもつので，互いにクーロン引力で引きつけあう．その引力の大きさは距離の 2 乗に反比例する．これはちょうど，太陽と地球が万有引力で引きつけあうときと同じである．そして，太陽が惑星よりずっと重いのと同様に，原子核は電子よりずっと重い．したがって，原子核＋電子の系は，太陽＋惑星の系である太陽系と同様の運動をするはずだ．

そう考えたラザフォードや長岡半太郎は，中心に原子核があり，そのまわりを，クーロン引力で捕まった電子がぐるぐる回っている，と考えた．その軌道半径が惑星軌道と大きく異なる理由は，質量が桁違いに異なることと，引力の大きさを決める比例係数が，クーロンの法則と万有引力の法則ではまるで異なるためであろう，というわけだ．

しかし，この一見自然な考え方には，多くの困難があった．実験によると，原子の半径 $\gg$ 原子核の半径であるから，電子は原子核からかなり離れて回っていることになる．しかし，そうなると，原子が決まった大きさをもっていることが説明できない．太陽系を思い浮かべてみれば，安定な軌道の半径は，地球の軌道半径に限らない．もっと小さな半径や大きな半径の軌道をもつ惑星達も安定な軌道をもっている．だから，「どの水素原子も決まった半径をもっている」という実験事実を説明できないのである[1]．

しかも，マックスウェルの電磁気学によれば，電子は電荷をもっているので，それがぐるぐる回っているのであれば，電磁波を放射し続けることになる．放射された電磁波の分だけ電子のエネルギーは減るので，どんどんエネルギーが減って半径が縮んでいき，ついには原子核に衝突してしまうことになる．しかし，実際には水素原子は，ずっと同じ大きさのまま，安定である．外からエネルギーを加えて一時的にエネルギーの高い半径の大きい状態にすることはできるが，しばらくすると光を放出してまたもとの安定な状態に戻る．

そこで，ラザフォードや長岡半太郎のモデルを改良しようという研究も行われたのだが，ニュートン力学とマックスウェルの電磁気学を用いる限りは，どうやってもうまくいかなかった．これは，原子のような極

1）　これは実は，「次元解析」ということをやるだけでも，すぐにわかることである．

微の世界では 19 世紀までの物理学が破綻することを強く示唆しており，量子論を生み出す動機のひとつになった．

(2)　電子のスピンの測定

実験によると，電子は，スピン（spin）と呼ばれる量を有している．これは，いわば自転の向きを表すベクトルのようなものである．

例えば，z 軸のまわりを，z 軸の負の側から見て右回りに自転していれば，「$+z$ 方向のスピンをもつ」という．このときスピンの z 成分 s_z を測れば，

$$s_z = \frac{\hbar}{2} Z \tag{11.1}$$

とおいたとき，$Z = +1$ という値になる[2]．ただし，$\hbar$ は量子論を特徴づける定数であるプランク定数（Planck's constant）

$$h \simeq 6.63 \times 10^{-34} \mathrm{Js} \tag{11.2}$$

を 2π で割ったものである：

$$\hbar \equiv h/2\pi \simeq 1.05 \times 10^{-34} \mathrm{Js} \tag{11.3}$$

他方，左回りに自転していれば，「$-z$ 方向のスピンをもつ」といい，$Z = -1$ という値になる．

不思議なことに，スピンが $+x$ 方向や $+y$ 方向を向いている（x 軸や y 軸のまわりを右回りに自転している）電子の s_z を測っても，$Z = +1$ または -1 という値を得る．ただし，$+1$ が出るか -1 が出るかは半々であり，全く予測がつかない．つまり，「$+y$ 方向のスピンをもつ」という全く同じ状態の電子を用意しては，全く同じように測定をする，という実験をしているのに，Z の測定値はでたらめにばらつく．

2)　これは，ダイヤモンドの質量を，質量 $= 0.2$ g × カラット，とおいて，「0.2 g のダイヤ」を「1 カラットのダイヤ」と言い表すのと同様である．

すなわち，j 回目の測定で得られた測定値を $Z^{(j)}$ と書くと，$Z^{(1)}$, $Z^{(2)}$, $Z^{(3)}$, $\cdots$ を並べた表は，2 つの数字 $+1$, -1 がでたらめな順序に並んだものになる．したがって，個々の測定値が $+1$, -1 のどちらであるかは，全く予測がつかず，でたらめである．例えば $Z^{(5)}$ の値が，ある日の実験では $+1$ だったのに，別の日の実験では -1 になったりする．

しかし，次のような量は，きちんと定まった値（それぞれ 1/2）に収束する：

$$P(+1) \equiv \lim_{N\to\infty} \frac{N \text{ 回の測定のうちで測定値} = +1 \text{ だった回数}}{N} \tag{11.4}$$

$$P(-1) \equiv \lim_{N\to\infty} \frac{N \text{ 回の測定のうちで測定値} = -1 \text{ だった回数}}{N} \tag{11.5}$$

この $P(\pm 1)$ を，「測定値が ± 1 になる確率」と呼ぶ．また，Z の各々の値について $P(Z)$ がいくらになるかを記した一覧表を確率分布といい，本書では $\{P(Z)\}$ と書くことにする．

このように，全く同じ状態についての同じ物理量の測定なのに，個々の測定値は全く定まらず，ただ確率分布だけが定まる．これは，古典力学では理解しにくいことである[3]．しかし，自然現象の中には，「全く同じ実験条件で同じ実験を行っても毎回異なる結果が得られる」という，本質的に定まらない部分が存在するのである．自然現象を正しく記述する理論は，そのような部分については，「定まらない」「予言できない」という結論を出すようなものでなければならない．理論に求められることは，$\{P(Z)\}$ のような，定まっている部分について正しい予言を与えることなのである．

(3) ベルの不等式

今まで述べた例は，「ニュートン力学＋マックスウェルの電磁気学と

3) 古典力学では，「実は同じ状態ではなかった」と理解するしかない．

いう意味での古典論では決して説明できない」という例であった．しかしそれらは，実は，「古典論的考え方の範囲内で，変数の数や運動の法則をいかに改変しても説明できない」というほどのものではない．ここでいう古典論的考え方とは，（素朴）実在論とも呼ばれ，「物理量は，各々が各瞬間瞬間でひとつずつ定まった値をもち，測定とはその値を知ることである」という考え方である（詳しくは 11.3 節）．ニュートン力学もマックスウェルの電磁気学も，熱力学や流体力学も，すべてこれに含まれる．つまり，古典物理学はすべて実在論であった．しかし，実在論はこれらに限られるわけではない．例えば，ニュートンの運動方程式やマックスウェル方程式の具体形を様々に変更したり乱数を入れたりしても，やはり古典論的考え方の枠内にとどまる．したがって，古典論的考え方というのは，古典物理学よりもずっと広い考え方である．

これに対して，J. S. Bell は 1964 年にベルの不等式と呼ばれる有名な不等式を証明し，それによって，古典論的考え方を捨てない限り，原因と結果が逆転したりしないまともな理論の範囲内で変数の数や運動の法則をいかに改変しようとも，決して説明できない自然現象がある，という決定的事実を示した．これこそ，古典論の破綻と量子論の本質を，最も明確にえぐり出したものである．

残念ながら，このような本質的なことは，多くの名著と呼ばれた教科書には書かれていなかった．その重要性が広く認識されるようになってきたのは，ようやく近年になってからなのである．そこで本書では，ベルの不等式とその意義について第 14 章で詳しく解説する．

11.3　古典論の基本的枠組み

古典論では，基本的に（暗に）以下のことを仮定していた：

古典論の基本的仮定と枠組み

(i) すべての物理量は，どの瞬間にも，各々ひとつずつ定まった値をもっている．例えば，1 次元空間を運動する 1 個の粒子だったら，位置 x も速度 v も，エネルギー $E=(m/2)v^2+V(x)$ などの他のどの物理量も，各時刻で定まった値をもっている．

(ii) 物理量 A の測定とは，その時刻における A の値を知る（確認する）ことである．すなわち，「A の測定値」=「その時刻における A の値」である．

(iii) ある時刻における物理状態とは，その時刻におけるすべての物理量の値の一覧表のことである．

(iv) 時間発展とは，物理量の値が時々刻々変化することである．

つまり，「測定するしないにかかわらず，物理量は，各瞬間瞬間で定まった値をもっていて，物理の理論は，その値を追いかければよい」ということである．そこで哲学用語を援用（えんよう）して，上のような考え方を（素朴）実在論とも呼ぶ．

(i) から (iv) は，当たり前すぎるほど当たり前に聞こえるかも知れない．しかし，次節で述べるように，量子論ではこれらの大部分が否定され変更されたのである．

以上のような基本的仮定のもとに，古典論では，(iv) の具体的な定式化（ニュートンの運動方程式，マックスウェル方程式など）は，次の形で成された：

初期時刻 t_0 における物理量の値が与えられたときに，
後の時刻 t における物理量の値を求める計算手続きを与える．

実際，これが与えられれば，仮定 (iii) により，任意の $t\ (> t_0)$ における物理状態も定まるし，仮定 (i), (ii) により，任意の $t\ (> t_0)$ における物理量の測定値も定まる．この計算手続きを用いて物理量の値を求めることが，古典論における「予言・説明」の中身であった．

11.4　量子論の基本的枠組み

前節で説明した古典的な考え方は，人間の素朴な直感に合致しているし，数学的にも美しく定式化できた．しかし，11.2 節の（3）で述べたように，このような考え方では記述できない自然現象が存在する．そのような現象までも記述できる理論を作るためには，上述の「古典論の基本的仮定」のいくつかは捨てて，新たな仮定に置き換えなければならなかった．そうして作られたのが量子論であり，ほとんどの仮定が変更されてしまった．それを説明しよう．

11.2 節の（2）で述べたように，ひとつの物理量 A を，全く同じ状態について測定しても，その測定値aは一般には測定の度にばらつく．しかし，同じ状態を用意しては A を測定する，ということを繰り返すことにより測定値の確率分布 $\{P(a)\}$ を求めると，それはいつ実験しても同じになる．つまり，$\{P(a)\}$は定まっている．

もちろん，別の状態について測れば確率分布は変わるし，同じ状態でも測る物理量を変えれば変わる．だから，測定値の確率分布は状態とAに依存する量，つまり状態とAの関数である．

実は，A の測定値がばらつかずに何回やっても同じ値になる状態もある．しかし，その場合は，往々にして，他の何かの物理量がばらつく．つまり，すべての物理量が確定値をもつようなことは一般にはない．その実例は 13.4 節で述べるが，例えば，位置と運動量が同時に確定値をもつような状態はあり得ない．

量子論は，これらが自然の本性であるという立場をとり，定まっている部分である $\{P(a)\}$ を，状態と A の関数として計算する理論体系として定式化された．すなわち，量子論で得られる予言の具体的な内容は，確率分布$\{P(a)\}$なのである．

次章以降で明らかになるように，以上のことを定式化すると，例えば虚数単位 i のような，直接は測定にかからないような量も理論に登場することになる．そのような量との区別をするために，量子論では，実際に測定可能な**物理量**のことを，特に**可観測量**とも呼ぶ．

以上のような考え方から，量子論は，次のような理論体系として組み立てられた：

量子論の基本的仮定と枠組み

(i) すべての物理量が各瞬間に定まった値をもつことは，一般にはない．したがって，各々の物理量は，ひとつの数値をとる変数ではない何か別のもの（次章で述べるように「演算子」）で表す．

(ii) 物理量 A の測定とは，観測者が測定値をひとつ得る行為である．得られる測定値 a の値は，同じ物理状態について測定しても，一般には測定の度にばらつく．しかし，確率分布 $\{P(a)\}$ は，A と状態から一意的に定まる．

(iii) すべての物理量の値の一覧表を作ることは (i) のためにできないので，すべての物理量の（仮にその時刻に測ったとしたら得られるであろう）測定値の確率分布を与えるものを物理状態とする．すなわち，**物理状態**とは，すべての A に対してそれを測定したときの測定値の確率分布 $\{P(a)\}$ を（次章で述べる「ボルンの確率規則」で）与えるものであり，物理量とは別のもの（次章で述べる「状態ベクトル」）で表す．つまり，状態とは，各物理量Aについて$\{P(a)\}$を与える関数のようなものである．物理状態の違いとは，この関数形の違いである．

(iv) 系が時間発展するとは，測定を行った時刻によって異なる $\{P(a)\}$ が得られる，ということである．$\{P(a)\}$ は A と状態から定まるから，これは，A が時々刻々変化すると考えても，状態が時々刻々変化すると考えてもよい．$\{P(a)\}$ の時間変化が同じなら，すべて等価である．

量子論を具体的に定式化する仕方は，見かけ上ずいぶん異なって見える形式がいろいろある．しかし，これらはすべて同じ $\{P(a)\}$ を与えるので，等価な理論である．量子論で得られる予言の具体的な内容は確率分布 $\{P(a)\}$ だから，見かけ上異なる理論がいくつかあっても，$\{P(a)\}$ さえ同じになれば，それらはみな等価な理論なのである．

なお，前節の古典論の枠組みで考えるか，それとも本節の量子論の枠組みで考えるかの区別を強調するときには，頭に「古典」とか「量子」を付けて呼ぶ習慣がある．例えば，物理系を古典論で記述できる（する）とき，**古典系**と呼び，量子論で記述できる（する）とき，**量子系**と呼ぶ．状態や測定も，量子論で記述することを強調するときには，**量子状態**，**量子測定**などと呼ぶ．

参考文献

[1] 日本物理学会 編『アインシュタインと 21 世紀の物理学』（日本評論社，2005 年）第 7 章「EPR パラドックスからベルの不等式へ」清水 明

[2] 清水 明『新版 量子論の基礎〜その本質のやさしい理解のために』（サイエンス社，2004 年）

12 量子論を記述するための数学

清水 明

《目標＆ポイント》 量子論を記述するために必要な数学を理解する．特に，ヒルベルト空間の初歩を理解する．
《キーワード》 複素数，ベクトル空間，内積，行列

量子論は，日常経験からは想像しづらいような予言を行うことがある．そのような理論であるから，その定式化にも，抽象的な数学が必要になる．いわば，「実験で検証可能な予言を行う」という自然科学の理論の条件をきちんと満たしながら，中の仕組みをのぞくと抽象的な数学でできている，というデバイスが量子論なのである．そこで，この章ではその抽象的な数学を説明し，次の章への下準備とする．

12.1 複素数と指数関数

量子論を定式化するには実数だけでは足りず，複素数が必要になる．複素数のことを忘れてしまった読者のために，概要を復習する．忘れていない読者は，次項に飛んでよい．

(1) 複素数

まず，虚数単位と呼ばれる，

$$i^2 = -1 \tag{12.1}$$

を定義とする数 i を導入する．そして．x, y が実数のとき，

$$z \equiv x + iy \tag{12.2}$$

を複素数という．x を実部といい，$\mathrm{Re}(z)$ とか $\mathrm{Re}\, z$ と書く．y を虚部といい，$\mathrm{Im}(z)$ とか $\mathrm{Im}\, z$ と書く．

複素数全体の集合を $\mathbb{C}$ と書き，実数全体の集合を $\mathbb{R}$ と書く．実数は，虚部がゼロの複素数とみなせるので，$\mathbb{R} \subset \mathbb{C}$ である．

複素数どうしの四則演算は，実数と同様に行うこととする．例えば，

例 12.1

$$z_1 z_2 = z_2 z_1 \tag{12.3}$$

$$(z_1 + z_2)^2 = z_1^2 + 2z_1 z_2 + z_2^2 \tag{12.4}$$

である．実部と虚部で表すと，

$$z_1 = x_1 + iy_1, \quad z_2 = x_2 + iy_2 \tag{12.5}$$

を代入して，例えば，

$$\begin{aligned} z_1 z_2 &= (x_1 + iy_1)(x_2 + iy_2) \\ &= x_1 x_2 - y_1 y_2 + i(x_1 y_2 + y_1 x_2) \end{aligned} \tag{12.6}$$

したがって，

$$\mathrm{Re}(z_1 z_2) = x_1 x_2 - y_1 y_2 \tag{12.7}$$

$$\mathrm{Im}(z_1 z_2) = x_1 y_2 + y_1 x_2 \tag{12.8}$$

となる．

この例からわかるように，四則演算した結果の実部と虚部を同定する

ときには，i の偶数べきが実数であることに注意する．

さらに，$z = x + iy$ の共役複素数を

$$z^* \equiv x - iy \tag{12.9}$$

と定義する．複素数 z を共役複素数 z^* に置き換える操作を，複素共役をとるという．例えば次のことがただちに解る：

$$\mathrm{Re}(z) = \mathrm{Re}(z^*) = \frac{z + z^*}{2} \tag{12.10}$$

$$\mathrm{Im}(z) = -\mathrm{Im}(z^*) = \frac{z - z^*}{2i} \tag{12.11}$$

$$(z^*)^* = z, \quad z \text{ が実数なら } z^* = z \tag{12.12}$$

$$(z_1 + z_2)^* = z_1^* + z_2^*, \quad (z_1 z_2)^* = z_1^* z_2^* \tag{12.13}$$

$$z^* z = (x + iy)(x - iy) = x^2 + y^2 \tag{12.14}$$

上の最後の式から，$z^* z$ は実数で ≥ 0 だとわかる．その平方根を $|z|$ と書いて，z の絶対値と呼ぶ：

$$|z| \equiv \sqrt{x^2 + y^2} \tag{12.15}$$

つまり，

$$|z|^2 = z^* z = z z^* \tag{12.16}$$

である．この式はとても有用で，例えば，

例 12.2　$z_1 + z_2$ の絶対値の 2 乗は，

$$\begin{aligned} |z_1 + z_2|^2 &= (z_1^* + z_2^*)(z_1 + z_2) \\ &= |z_1|^2 + |z_2|^2 + z_1^* z_2 + z_2^* z_1 \end{aligned} \tag{12.17}$$

のように直ちに計算できる．この形は，量子論の「干渉効果」でよく

出てくる．

(2) 複素数の指数関数

複素数を変数とする指数関数を，実数を変数とするときと同様に，

$$e^z \equiv \exp(z) \\ \equiv 1 + z + \frac{z^2}{2!} + \frac{z^3}{3!} + \cdots \tag{12.18}$$

で定義すると，実数を引数とするときと同様に，

$$e^0 = 1, \quad e^{z_1}e^{z_2} = e^{z_1+z_2}, \quad e^{-z} = 1/e^z \tag{12.19}$$

が成り立つ．また，任意の実数 θ に対して，次のオイラーの公式が成り立つ：

$$e^{i\theta} = \cos\theta + i\sin\theta \quad (\theta \text{ は実数}) \tag{12.20}$$

ただし，本書では，角度はすべて radian（ラジアン）を用いている（2π radian $= 360$ 度）．

例 12.3　特に，

$$e^{\pm\frac{\pi}{2}i} = \pm i, \quad e^{\pm\pi i} = -1, \quad e^{\pm 2\pi i} = 1 \tag{12.21}$$

これらのことから，任意の整数 n，任意の実数 θ について，

$$(e^z)^n = e^{nz} \tag{12.22}$$

$$|e^{i\theta}| = 1 \tag{12.23}$$

$$e^{i(\theta+2\pi n)} = e^{i\theta} \tag{12.24}$$

$$(e^{i\theta})^* = e^{-i\theta} = \cos\theta - i\sin\theta \tag{12.25}$$

$$(e^{i\theta})^n = e^{in\theta} = \cos(n\theta) + i\sin(n\theta) \tag{12.26}$$

さて，任意の複素数 z は，

$$z = x + iy = \sqrt{x^2+y^2}\left(\frac{x}{\sqrt{x^2+y^2}} + i\frac{y}{\sqrt{x^2+y^2}}\right) \tag{12.27}$$

と変形できるので，

$$\cos\theta = \frac{x}{\sqrt{x^2+y^2}}, \quad \sin\theta = \frac{y}{\sqrt{x^2+y^2}} \tag{12.28}$$

を満たすように θ を選ぶことにより，

$$z = |z|e^{i\theta} \tag{12.29}$$

の形に表せる．この θ を z の**偏角**と呼ぶ．導出から明らかなように，偏角には 2π の整数倍だけの不定性がある．

例 12.4　$e^{i\theta}$ の絶対値は 1 で，偏角は θ（$+2\pi$ の整数倍）である．

例 12.5　z^* は，z と絶対値が同じで，偏角が逆符号である．実際，

$$z^* = (|z|e^{i\theta})^* = |z|^*(e^{i\theta})^* = |z|e^{-i\theta} \tag{12.30}$$

2 つの複素数をかけると，絶対値は積に，偏角は和になる：

$$z_1 z_2 = |z_1||z_2|e^{i(\theta_1+\theta_2)} \tag{12.31}$$

例 12.6　例えば，n を整数とすると，

$$z^n = |z|^n e^{in\theta} \tag{12.32}$$

物理では，しばしば，θ を**位相**，$e^{i\theta}$ を**位相因子**と呼ぶ．位相因子を他

の複素数にかけても，絶対値は変わらず，位相を変えるだけである．実際，任意の $z' = |z'|e^{i\theta'}$ に対して，そうなっていることが確認できる：

$$e^{i\theta} z' = |z'| e^{i(\theta+\theta')} \tag{12.33}$$

12.2　実ベクトル空間

量子論は，「ヒルベルト空間」という数学的な枠組みを使って定式化する．それを説明する準備として，「実ベクトル空間」の復習をする．「実ベクトル空間」に慣れている読者は次節に飛んでも構わない．

(1)　実ベクトル

読者は「ベクトル」を習ったことがあると思う．例えば，粒子の位置ベクトル $\boldsymbol{r} = (x, y, z)$ は，その長さ $|\boldsymbol{r}| = \sqrt{x^2 + y^2 + z^2}$ は原点からの距離を表し，向きは原点からみた方向を表していた．これは，われわれが住む 3 次元空間の中のベクトルなので，実際にこのベクトルを表す矢印を引くこともできた．

しかし，われわれが住む 3 次元空間を離れれば（そして，その中の矢印として表せることを放棄すれば），実数が 3 つ並んでいるだけである．そのことに着目すれば，格段に拡張できる．

例えば，4 つの実数を並べた (x_1, x_2, x_3, x_4) は，もはや 3 次元空間の中の矢印として描くことはできないが，3 つの実数を並べていたのを 4 つに増やしただけなので，とても自然な拡張である．これを 4 次元実ベクトルと呼び，並べた実数 x_1, x_2, x_3, x_4 を，ベクトルの成分と呼ぶ．「4 次元」というのは，成分が 4 つあることを表しており，「実」というのは，成分が実数であることを意味する．（文脈から実ベクトルであることが明らかな場合には，「実」を略して 4 次元ベクトルと呼ぶこともある.）同様に，5 次元実ベクトル，6 次元実ベクトル，$\cdots$，と，どんな「次元」のベクトルでも（つまり成分の数がいくつでも）定義できる.

また，(x_1, x_2) のように実数を横に並べる代わりに，

$$\begin{pmatrix} x_1 \\ x_2 \end{pmatrix} \qquad \text{（これを } \vec{x} \text{ と略記する）} \tag{12.34}$$

と縦に並べてもよい．どちらの並べ方をしたか区別したいときは，前者を横ベクトル，後者を縦ベクトルと呼ぶ．以後は，「ベクトル」といえば縦ベクトルのことだとする.

(2) 実ベクトル空間

さて，ここからは紙面の節約のため，主に 2 次元ベクトルで説明しよう.

ベクトルに実数 k をかけることを，すべての成分に k をかけることであると定義する：

$$k\vec{x} = k \begin{pmatrix} x_1 \\ x_2 \end{pmatrix} \equiv \begin{pmatrix} kx_1 \\ kx_2 \end{pmatrix} \tag{12.35}$$

また，2 つのベクトルの和や差をとることを，それぞれの成分の和や差をとることとする：

$$\vec{x} \pm \vec{x}' = \begin{pmatrix} x_1 \\ x_2 \end{pmatrix} \pm \begin{pmatrix} x_1' \\ x_2' \end{pmatrix} \equiv \begin{pmatrix} x_1 \pm x_1' \\ x_2 \pm x_2' \end{pmatrix} \tag{12.36}$$

そして，上記の 2 つを組み合わせれば，次のような計算もできるようになる：

$$k\vec{x} \pm k'\vec{x}' = k \begin{pmatrix} x_1 \\ x_2 \end{pmatrix} \pm k' \begin{pmatrix} x'_1 \\ x'_2 \end{pmatrix}$$
$$= \begin{pmatrix} kx_1 \\ kx_2 \end{pmatrix} \pm \begin{pmatrix} k'x'_1 \\ k'x'_2 \end{pmatrix} = \begin{pmatrix} kx_1 \pm k'x'_1 \\ kx_2 \pm k'x'_2 \end{pmatrix} \tag{12.37}$$

このように，実数倍や和や差が定義されたベクトルたちの集合を，実ベクトル空間という．「空間」というのは，日常用語の「空間」とは違って，「そういう条件を満たす集合」という程度の意味である．

(3) 内　積

実ベクトル空間では，ベクトルの実数倍や和や差が定義されていた．さらに内容豊かなものにするために，2 つのベクトル

$$\vec{x} = \begin{pmatrix} x_1 \\ x_2 \end{pmatrix}, \quad \vec{x}' = \begin{pmatrix} x'_1 \\ x'_2 \end{pmatrix} \tag{12.38}$$

の内積を

$$\vec{x} \cdot \vec{x}' \equiv x_1 x'_1 + x_2 x'_2 \tag{12.39}$$

と定義する．すると，自分自身との内積は負にはならない：

$$\vec{x} \cdot \vec{x} = x_1^2 + x_2^2 \geq 0 \tag{12.40}$$

そこで，これの平方根を

$$|\vec{x}| \equiv \sqrt{\vec{x} \cdot \vec{x}} \tag{12.41}$$

と書き，$\vec{x}$ の長さと定義する．これは，2 次元ベクトルや 3 次元ベクトルの場合には高校で習ったと思うが，何次元でもこれを「長さ」の定義

にするわけである．

異なる2つのベクトルの内積は，正にも負にもなりうるし，ときにはゼロになることもある：

例12.7

$$\vec{x} = \begin{pmatrix} 1 \\ 1 \end{pmatrix}, \quad \vec{x}' = \begin{pmatrix} 1 \\ -1 \end{pmatrix} \tag{12.42}$$

のとき，長さは

$$|\vec{x}| = |\vec{x}'| = \sqrt{1+1} = \sqrt{2} \tag{12.43}$$

である．どちらも長さはゼロでないにもかかわらず，両者の内積は

$$\vec{x} \cdot \vec{x}' = 1 - 1 = 0 \tag{12.44}$$

この例のように，それぞれは長さがゼロではない2つのベクトルの内積がゼロになるとき，その2つのベクトルは**直交する**という．これは，2次元ベクトルや3次元ベクトルの場合には実際に矢印が直交することになることから来ている．

このように，内積を定義することによって，「長さ」や「直交」が定義できるようになり，実ベクトル空間が，ずっと豊かな内容を記述できるようになる．そこで，内積が定義された実ベクトル空間を，特に，**実内積空間**と呼ぶ．

12.3 ヒルベルト空間

いよいよ，量子論で用いる「ヒルベルト空間」を説明するが，前節の実ベクトル空間をなぞりながら説明するので，比較しながら読んで欲し

い．なお，厳密性よりもわかりやすさを優先して説明するので，それが気になる読者は章末の参考文献を参照されたい．

(1) 複素ベクトル

2 つの複素数 z_1, z_2 を並べた

$$\begin{pmatrix} z_1 \\ z_2 \end{pmatrix} \qquad \text{（これを } |z\rangle \text{ と略記する）} \tag{12.45}$$

を 2 次元複素ベクトルと呼び，並べた複素数 z_1, z_2 を成分と呼ぶ．「2 次元」というのは，成分が 2 つあることを表しており，「複素」というのは，成分が複素数であることを意味する．n 個の成分があれば n 次元複素ベクトルだ．

以後は，量子論の習慣に合わせて，複素ベクトルのことを単に「ベクトル」と呼び，略記するときは，$\vec{z}$ ではなく，上記の $|z\rangle$ のように $|\ \rangle$ を使う．$|\ \rangle$ の中に書く文字は，異なるベクトルを区別するために書いている文字なので，自分や読み手にとってわかりやすいように文字を決めればよい．例えば 2 つのベクトルを区別したいときは，$|\psi\rangle, |\psi'\rangle$ でも，$|\varphi_1\rangle, |\varphi_2\rangle$ でも，$|1\rangle, |2\rangle$ でも，何でもいいから区別できればよい．

(2) 複素ベクトル空間

ベクトルに複素数 c をかけることを，すべての成分に c をかけることであると定義する：

$$c\,|z\rangle = c\begin{pmatrix} z_1 \\ z_2 \end{pmatrix} \equiv \begin{pmatrix} cz_1 \\ cz_2 \end{pmatrix} \tag{12.46}$$

また，2 つのベクトルの和や差をとることを，それぞれの成分の和や差

をとることとする：

$$|z\rangle \pm |z'\rangle = \begin{pmatrix} z_1 \\ z_2 \end{pmatrix} \pm \begin{pmatrix} z'_1 \\ z'_2 \end{pmatrix} \equiv \begin{pmatrix} z_1 \pm z'_1 \\ z_2 \pm z'_2 \end{pmatrix} \tag{12.47}$$

そして，上記の 2 つを組み合わせれば，次のような計算もできるようになる：

$$\begin{aligned} c\,|z\rangle \pm c'\,|z'\rangle &= c \begin{pmatrix} z_1 \\ z_2 \end{pmatrix} \pm c' \begin{pmatrix} z'_1 \\ z'_2 \end{pmatrix} \\ &= \begin{pmatrix} cz_1 \\ cz_2 \end{pmatrix} \pm \begin{pmatrix} c'z'_1 \\ c'z'_2 \end{pmatrix} = \begin{pmatrix} cz_1 \pm c'z'_1 \\ cz_2 \pm c'z'_2 \end{pmatrix} \end{aligned} \tag{12.48}$$

この例のように，2 つのベクトルに複素数をかけて足したり引いたりすることを，**線形結合をとる**，または**重ね合わせる**といい，係数 c, c' を**重ね合わせ係数**と呼ぶ．そして，このような，線形結合が定義されたベクトルたちの集合を，**複素ベクトル空間**という．「空間」というのは，日常用語の「空間」とは違って，「そういう条件を満たす集合」という程度の意味である．

(3) 内　積

複素ベクトル空間では，ベクトルの複素数倍や和や差が定義されていた．さらに内容豊かなものにするために，2 つのベクトル

$$|z\rangle = \begin{pmatrix} z_1 \\ z_2 \end{pmatrix}, \quad |z'\rangle = \begin{pmatrix} z'_1 \\ z'_2 \end{pmatrix} \tag{12.49}$$

の**内積**を（実ベクトルのときの「·」で表すのではなく）$\langle z|z'\rangle$ と書いて，

$$\langle z|z'\rangle \equiv z_1^* z'_1 + z_2^* z'_2 \tag{12.50}$$

と定義する．すると，自分自身との内積は負にはならない：

$$\langle z|z\rangle = z_1^* z_1 + z_2^* z_2 = |z_1|^2 + |z_2|^2 \geq 0 \tag{12.51}$$

そこで，これの平方根を

$$\|\,|z\rangle\,\| \equiv \sqrt{\langle z|z\rangle} \tag{12.52}$$

と書き，$|z\rangle$ の長さと定義する．これは，2 次元実ベクトルや 3 次元実ベクトルの場合には高校で習った長さの定義に一致するが，複素ベクトルでもこれを「長さ」の定義にするわけだ．

複素ベクトル空間の 2 つのベクトルの内積は，様々な複素数値をとりうるし，ときにはゼロになることもある：

例 12.8

$$|z\rangle = \begin{pmatrix} 1 \\ i \end{pmatrix}, \quad |z'\rangle = \begin{pmatrix} i \\ 1 \end{pmatrix} \tag{12.53}$$

のとき，長さは

$$\|\,|z\rangle\,\| = \|\,|z\rangle'\,\| = \sqrt{1+1} = \sqrt{2} \tag{12.54}$$

である．どちらも長さはゼロでないにもかかわらず，両者の内積は

$$\langle z|z'\rangle = 1^* \times i + i^* \times 1 = i - i = 0 \tag{12.55}$$

この例のように，それぞれは長さがゼロではない 2 つのベクトルの内積がゼロになるとき，その 2 つのベクトルは直交するという．これは，2 次元実ベクトルや 3 次元実ベクトルの場合には実際に矢印が直交することに相当することから来ている．

このように，内積を定義することによって，「長さ」や「直交」が定義できるようになり，複素ベクトル空間が，ずっと豊かな内容を記述できるようになる．そこで，内積が定義された複素ベクトル空間を，特に，**複素内積空間**または**ヒルベルト空間**と呼ぶ．量子論は，このヒルベルト空間を使って定式化されるのである．

12.4 行　列

様々な複素数を，m 行 n 列に並べて括弧でくくったものを，「m 行 n 列の行列」とか，「$m \times n$ 行列」という．例えば 2 次元ベクトルは 2×1 行列ともいえる．

例 **12.9**　2×2 行列は，例えば

$$\begin{pmatrix} 0 & 1 \\ 1 & 0 \end{pmatrix}, \begin{pmatrix} 0 & -i \\ i & 0 \end{pmatrix}, \begin{pmatrix} 1 & 0 \\ 0 & -1 \end{pmatrix} \tag{12.56}$$

行列の中の，j 行 k 列目にある複素数を，「j 行 k 列成分」とか「j 行 k 列要素」という．例えば例 12.9 の 3 つの 2×2 行列の 2 行 1 列成分は，それぞれ $1, i, 0$ である．

この 2×2 行列のように，行数と列数が同じ行列を，特に**正方行列**と呼び，量子論で重要になる．

(1) 行列のかけ算

行列に複素数 c をかけることを，ベクトルのときと同様に，すべての成分に c をかけることであると定義する．例えば，

$$i \begin{pmatrix} 1 & 0 \\ 0 & -1 \end{pmatrix} = \begin{pmatrix} i & 0 \\ 0 & -i \end{pmatrix} \tag{12.57}$$

さらに，行列どうしのかけ算も定義する．ただし，かけ算は，$l \times m$ 行列と $m \times n$ 行列のように，かける行列の列数と，かけられる行列の行数とが一致している場合にだけかけることができるとし，かけた結果は $l \times n$ 行列になるとする．具体的には，$l \times m$ 行列を A と書き，$m \times n$ 行列を B と書いたとき，そのかけ算を AB と書き，

$$AB \text{ の } j \text{ 行 } k \text{ 列成分} \\ = \sum_{r=1}^{m} [A \text{ の } j \text{ 行 } r \text{ 列成分}] \times [B \text{ の } r \text{ 行 } k \text{ 列成分}] \tag{12.58}$$

で定義する．例えば例 12.9 の最初の 2 つの行列をかけると，

$$\begin{pmatrix} 0 & 1 \\ 1 & 0 \end{pmatrix} \begin{pmatrix} 0 & -i \\ i & 0 \end{pmatrix} = \begin{pmatrix} i & 0 \\ 0 & -i \end{pmatrix} = i \begin{pmatrix} 1 & 0 \\ 0 & -1 \end{pmatrix} \tag{12.59}$$

というように，3 番目の行列の i 倍になる．

（2） 内積を行列のかけ算で表す

ある行列が与えられたとき，それを転置（j 行 k 列の要素を k 行 j 列の要素で置き換えること）して，さらに，すべての要素をその複素共役で置き換えて得られる行列を，もとの行列のエルミート共役という．そして，転置，複素共役，エルミート共役は，それぞれ，行列の右肩に $t, *, \dagger$ を付けて表す．

例えば，2 行 1 列の行列である 2 次元縦ベクトル

$$|\phi\rangle = \begin{pmatrix} \phi_1 \\ \phi_2 \end{pmatrix} \tag{12.60}$$

のエルミート共役は，

$$(|\phi\rangle)^\dagger = \left(|\phi\rangle^t\right)^* = \begin{pmatrix}\phi_1^* & \phi_2^*\end{pmatrix} \tag{12.61}$$

である．これを用いると，内積 (12.50) を行列のかけ算として表せる：

$$\langle\phi|\psi\rangle = \begin{pmatrix}\phi_1^* & \phi_2^*\end{pmatrix}\begin{pmatrix}\psi_1\\ \psi_2\end{pmatrix} = (|\phi\rangle)^\dagger\,|\psi\rangle \tag{12.62}$$

そこで，$|\phi\rangle$ に共役なブラベクトルを

$$\langle\phi| \equiv (|\phi\rangle)^\dagger \tag{12.63}$$

にて定義すれば，

$$\langle\phi|\psi\rangle = \langle\phi||\psi\rangle \tag{12.64}$$

となるので，$||$ を略して $|$ としたのが内積だ，と読めるようになってわかりやすい．また，この記法では，$|\phi\rangle$ を $\langle\phi|$ に共役なケットベクトルとも呼ぶ．すると，内積はブラケット（bra(c)ket）になってますますわかりやすい，というのがこの記法を編み出した P. A. M. Dirac の洒落で，それが物理学に定着した．

以上で，量子論の定式化を理解するために必要最低限の数学的準備が整ったので，いよいよ次章で定式化を紹介する．

参考文献

[1] 清水 明『新版 量子論の基礎～その本質のやさしい理解のために』（サイエンス社，2004 年）
[2] 斎藤 正彦『線型代数入門』（東京大学出版会，1966 年）

13 量子論の定式化

清水 明

《目標＆ポイント》 量子論の具体的な定式化を理解する．また，量子論特有の「不確定性原理」や「状態の重ね合わせ」を理解する．
《キーワード》 量子状態，可観測量，不確定性原理，重ね合わせ

物理学の理論は数学を用いて定式化され，それで初めて定量的で曖昧さのない予言ができるようになる．具体的には，理論に登場する一つひとつの要素に，数学的な量を当てはめてゆく．そして，その要素たちを組み合わせて，理論の最終出力である実験結果の予言を導き出すのである．この章では，量子論について，それを紹介する．

13.1 量子状態

前章で述べたように，量子論では状態と物理量が分離している．まず，状態をどう表現するかを説明しよう．

分析したい量子系に応じて，適切な次元のヒルベルト空間を用いる．その次元の大きさは，その量子系がどんな物理量をもっているかによって決める．物理量の数が多いほど，また，それぞれの物理量のとりうる値の数が多いほど，必要なヒルベルト空間の次元は大きくなる．その具体的なやり方に興味がある読者は章末の参考文献 [1] を参照していただくとして，ここでは，すでに適切な次元のヒルベルト空間を採用してあるとして説明する．

量子論の基本原理 I：状態

量子系の状態は，ヒルベルト空間の，長さ $=1$ のベクトルで表すことができる．そのベクトルを状態ベクトルと呼び，$|\psi\rangle$ とか $|\varphi\rangle$ などと書くことが多い．

例 13.1 (12.53) の 2 つのベクトルは，長さ $=\sqrt{2}$ であった．そこで，これらを $1/\sqrt{2}$ 倍したベクトルを

$$|\psi\rangle = \begin{pmatrix} 1/\sqrt{2} \\ i/\sqrt{2} \end{pmatrix}, \quad |\psi'\rangle = \begin{pmatrix} i/\sqrt{2} \\ 1/\sqrt{2} \end{pmatrix} \tag{13.1}$$

とおけば，これらは長さ $=1$ になり，何らかの量子状態を表す状態ベクトルとして採用できる．

これらのベクトルが状態を表す，と言われてもピンとこないと思うが，11.4 節で「状態とは，各物理量 A について $\{P(a)\}$ を与える関数のようなもの」と述べたことを思い出して欲しい．つまり，これらのベクトル単独では自然科学としての意味はなく，ピンとくるはずがないのだ．物理量と組み合わさって測定値の確率分布 $\{P(a)\}$ を与える原理が提示されて初めて自然科学の理論になるのである．その原理は，次節で物理量の表現を説明した後，13.3 節で説明する．

13.2 物理量

(1) エルミート演算子

行数も列数もヒルベルト空間の次元と同じであるような正方行列を考えよう．そういう正方行列をベクトルにかけると，別のベクトルが得られる．例えば 2 次元ベクトルに 2×2 行列をかけると，

$$\begin{pmatrix} 0 & -i \\ i & 0 \end{pmatrix}\begin{pmatrix} 1 \\ 1 \end{pmatrix} = \begin{pmatrix} -i \\ i \end{pmatrix} \tag{13.2}$$

という具合である．このように，ヒルベルト空間のベクトルに作用して他のベクトルに変えるものを[1]，物理では**演算子**（operator）と呼ぶ．本書では，演算子としては，もっぱら正方行列を用いることにする．

正方行列のうち，エルミート共役が自分自身と同じになる行列を，**エルミート行列**または**エルミート演算子**と呼ぶ．

例 13.2　(13.2) の左辺にある行列はエルミート行列である．なぜなら，そのエルミート共役は，

$$\begin{pmatrix} 0 & -i \\ i & 0 \end{pmatrix}^{\dagger} = \begin{pmatrix} 0 & i \\ -i & 0 \end{pmatrix}^{*} = \begin{pmatrix} 0 & -i \\ i & 0 \end{pmatrix} \tag{13.3}$$

であり，もとの行列と一致するからだ．

この例からもわかるように，エルミート行列は，

$$[jk\ 成分] = [kj\ 成分]^* \quad （すべての\ j, k\ について） \tag{13.4}$$

を満たす行列である．

（2） 可観測量

11.3 節で述べたように，古典力学では，位置 q と運動量 p の組の値が決まれば，あらゆる物理量の値が決まるので系の状態も決まることになる．つまり，物理量の値と系の状態は一体化していた．

それに対して量子論では，11.4 節で述べたようにすべての物理量の値が同時に定まることは一般には不可能なので，物理量と物理状態は，別

1）　正確にいうと，行列をかけるのと同様に「線形性」と呼ばれる性質をもつ，という条件が付く．

個に考えるしかなくなる．そうなると，何を「物理量」と呼ぶべきかも自明ではなくなるので，量子論における物理量を，特に**可観測量**と呼ぶ．個々の量子系において何が可観測量であるかについては，本書では深入りせずに，既知であるとして説明をする[2)]．

量子論の基本原理 II：可観測量

可観測量はエルミート演算子で表される．

つまり，可観測量は，ヒルベルト空間の次元と同じ行数（= 列数）をもつエルミート行列で表される．そして，A という可観測量を表すエルミート演算子を表すときは，頭にハットを付けて $\hat{A}$ と書くのが物理の習慣である．例えば運動量 p を表すエルミート演算子を $\hat{p}$ と書く．

さらに，いちいち「可観測量 A を表すエルミート演算子 $\hat{A}$」とか「エルミート演算子 $\hat{A}$ で表される可観測量 A」と言うのは面倒なので，これを縮めて「可観測量 $\hat{A}$」とか「物理量 $\hat{A}$」と言う習慣になっている．例えば，系のエネルギーである**ハミルトニアン** H を表すエルミート演算子が $\hat{H}$ であるとき，単に「ハミルトニアン $\hat{H}$」という．

例 13.3　電子のスピンの 3 成分 $\hat{s}_x, \hat{s}_y, \hat{s}_z$ は，パウリ行列

$$\hat{X} = \begin{pmatrix} 0 & 1 \\ 1 & 0 \end{pmatrix}, \ \hat{Y} = \begin{pmatrix} 0 & -i \\ i & 0 \end{pmatrix}, \ \hat{Z} = \begin{pmatrix} 1 & 0 \\ 0 & -1 \end{pmatrix} \tag{13.5}$$

を用いて，

$$\hat{s}_x = \frac{\hbar}{2}\hat{X}, \ \hat{s}_y = \frac{\hbar}{2}\hat{Y}, \ \hat{s}_z = \frac{\hbar}{2}\hat{Z} \tag{13.6}$$

という行列として表せる．パウリ行列がどれもエルミート行列であることを確かめてみよ．また，エルミート行列は，実数倍してもエル

2)　気になる読者は，章末の参考文献 [1] の 7.4 節を参照のこと．

ミート行列である．したがって，$\hat{s}_x, \hat{s}_y, \hat{s}_z$ もエルミート行列である．

13.3 固有値と測定値

可観測量を表すエルミート演算子，すなわち，ヒルベルト空間の次元と同じ行数（= 列数）をもつエルミート行列を考える．

あるエルミート行列 $\hat{A}$ について，それをある（ゼロベクトルではない）ベクトル $|\phi\rangle$ に作用してみたら，$|\phi\rangle$ の実数倍になったとき，すなわち

$$\hat{A}\,|\phi\rangle = a\,|\phi\rangle \quad (a \text{ は実数}) \tag{13.7}$$

のようになるとき，a を $\hat{A}$ の**固有値**，$|\phi\rangle$ を $\hat{A}$ の（固有値 a に対応する）**固有ベクトル**と呼ぶ[3)]．

例 13.4　(13.5) の $\hat{X}$ の固有値は $+1$ と -1 の 2 個である．それぞれに属する固有ベクトルは，

$$\begin{pmatrix} 1 \\ 1 \end{pmatrix}, \quad \begin{pmatrix} 1 \\ -1 \end{pmatrix} \tag{13.8}$$

であるが，これらの定数倍も同じ固有値に属する固有ベクトルである．このことを利用して，それぞれを $1/\sqrt{2}$ 倍してやれば，長さ $= 1$ の固有ベクトルが得られる．すなわち，それぞれ $\left|\phi^X_{+1}\right\rangle, \left|\phi^X_{-1}\right\rangle$ と書くことにすると，

$$\left|\phi^X_{+1}\right\rangle = \begin{pmatrix} 1/\sqrt{2} \\ 1/\sqrt{2} \end{pmatrix}, \quad \left|\phi^X_{-1}\right\rangle = \begin{pmatrix} 1/\sqrt{2} \\ -1/\sqrt{2} \end{pmatrix} \tag{13.9}$$

実際，これらが固有ベクトルであることは，

$$\hat{X}\left|\phi^X_{+1}\right\rangle = \left|\phi^X_{+1}\right\rangle, \quad \hat{X}\left|\phi^X_{-1}\right\rangle = -\left|\phi^X_{-1}\right\rangle \tag{13.10}$$

3）求め方などは，章末の参考文献 [1] の 3.7 節参照．

を満たすことからわかるので，確認してみて欲しい．また，これらが直交していることも確認できる：

$$\left\langle \phi^X_{+1} \middle| \phi^X_{-1} \right\rangle = \begin{pmatrix} 1/\sqrt{2} & 1/\sqrt{2} \end{pmatrix} \begin{pmatrix} 1/\sqrt{2} \\ -1/\sqrt{2} \end{pmatrix} = 0 \tag{13.11}$$

この例からわかるように，固有値は 1 個だけとは限らず，通常は複数個（最大でヒルベルト空間の次元と同じ個数まで）ある．また，固有ベクトルは，定数倍しても同じ固有値に対応する固有ベクトルであることが示せるので，それを利用して長さ $= 1$ になるように選ぶことができる．以下では，必ず長さ$= 1$になるように選んでおくことにする．

特に，系のエネルギーを表すハミルトニアン $\hat{H}$ の固有値を**エネルギー固有値**と呼び，固有ベクトルを**エネルギー固有状態**と呼ぶ．

例 **13.5**　ある量子系のハミルトニアンが，J を実定数として

$$\hat{H} = J\hat{X} \tag{13.12}$$

であったとすると，上記の例 13.4 の結果から，エネルギー固有値は $\pm J$ であり，エネルギー固有状態は上記の $\left|\phi^X_{\pm 1}\right\rangle$ だとわかる．

量子論では，可観測量をエルミート演算子で表すので，固有値がきわめて重要な意味をもつ．というのも，次のように測定値と結びつくのである：

量子論の基本原理 III：測定値

量子系を，状態ベクトル $|\psi\rangle$ で表される状態に用意して，可観測量 $\hat{A}$ を誤差なく（無視できるほど小さな誤差で）測定することを考

える．同じ状態 $|\psi\rangle$ を用意しては同じ物理量 $\hat{A}$ の測定を行う実験を，独立に（つまり，ひとつの実験が別の実験の結果に影響しないように）何回も行ったとき，次のことがいえる：

- 個々の測定値は，$\hat{A}$ の固有値のいずれかに限られる．
- どの固有値が測定値として得られるかは，一般には測定のたびにばらつく．

例えば，例 13.4 の $\hat{X}$ を測定したら，その固有値である ± 1 に測定値が限られる．そして，$+1$ と -1 のどちらが測定値として得られるかは，一般には測定のたびにばらつく．となると，まずは測定値の平均値が知りたくなる．それは，次のように与えられる[4]．

（上記のつづき）

- それでも，測定を繰り返したときの平均値は，測定回数を増すにつれて収束していき，その極限値 $\langle A\rangle$ について次式が成り立つ：

$$\langle A\rangle = \langle\psi|\hat{A}|\psi\rangle \tag{13.13}$$

この基本原理の具体的な応用例は次節で述べる．

13.4　不確定性原理

(13.13) を，例 13.4 の $\hat{X}$ を測定するケースに適用してみよう．すぐ上で述べたように，個々の測定値は ± 1 のいずれかに限定される．一方，それぞれの値が得られる確率は状態によって異なり，その結果，平均値 $\langle X\rangle$ は状態によって異なる．

4)　平均値だけでなく，測定値の確率分布も量子論は予言する．それについては，章末の参考文献 [1] などを参照のこと．

まず，状態ベクトル $|\psi\rangle$ が $\hat{X}$ の固有値 $+1$ に対応する固有ベクトルであるケース

$$|\psi\rangle = \left|\phi_{+1}^{X}\right\rangle \tag{13.14}$$

を考えよう．これを (13.13) に代入し，(13.10) を用いると，

$$\langle X\rangle = \langle\psi|\hat{X}|\psi\rangle = \left\langle\phi_{+1}^{X}\middle|\hat{X}\middle|\phi_{+1}^{X}\right\rangle = \left\langle\phi_{+1}^{X}\middle|\phi_{+1}^{X}\right\rangle = 1 \tag{13.15}$$

個々の測定値は ± 1 のいずれかなのだから，この $\langle X\rangle = +1$ という結果は，100 % の確率で測定値 $= +1$ になることを示している．これは，「$|\psi\rangle = |\phi_{+1}^{X}\rangle$ という状態では，物理量 X の値が $+1$ に確定している」と解釈できる．

一方，状態ベクトルが $\langle X\rangle$ の固有値 -1 に対応する固有ベクトルであるケース

$$|\psi\rangle = \left|\phi_{-1}^{X}\right\rangle \tag{13.16}$$

では，$\langle X\rangle = -1$ となる．これは，100 % の確率で測定値 $= -1$ になることを意味するので，$|\psi\rangle = |\phi_{-1}^{X}\rangle$ は物理量 X の値が -1 に確定している状態である．

このように，物理量Aを表す演算子$\hat{A}$のいずれかの固有値に対応する固有ベクトルが状態ベクトルになっているような状態は，Aの値がその固有値に確定している状態である．

ただし，このような状態では，他の物理量の値は一般には確定していない．このことをみるために，X の値が $+1$ に確定している $|\psi\rangle = |\phi_{+1}^{X}\rangle$ という状態について，$\hat{Z}$ を測定したらどうなるか調べよう．

まず，$\hat{Z}$ の固有値を計算すると ± 1 だとわかるので，個々の測定値は ± 1 のいずれかに限定される．一方，測定値の平均値は，

$$
\begin{aligned}
\langle Z\rangle &= \langle\psi|\hat{Z}|\psi\rangle \\
&= \left\langle\phi^X_{+1}\middle|\hat{Z}\middle|\phi^X_{+1}\right\rangle \\
&= \begin{pmatrix}1/\sqrt{2} & 1/\sqrt{2}\end{pmatrix}\begin{pmatrix}1 & 0\\ 0 & -1\end{pmatrix}\begin{pmatrix}1/\sqrt{2}\\ 1/\sqrt{2}\end{pmatrix} \\
&= \begin{pmatrix}1/\sqrt{2} & 1/\sqrt{2}\end{pmatrix}\begin{pmatrix}1/\sqrt{2}\\ -1/\sqrt{2}\end{pmatrix} \\
&= 0
\end{aligned}
\tag{13.17}
$$

と計算される．この結果は，測定値が $+1$ か -1 かが 50 % ずつと，何の傾向もなく最大限にバラついていることを示している．つまり，この状態では，X の値は $+1$ に確定しているのに，Z は定まった値をもたず，最大限に不確定である．これが，11.4 節の量子論の基本的仮定と枠組み (i) で述べた「すべての物理量が各瞬間に定まった値をもつことは，一般にはない」の実例である．このことを，**不確定性原理**という．

同様に，X の値が -1 に確定している $|\psi\rangle = \left|\phi^X_{-1}\right\rangle$ という状態についても，

$$
\langle Z\rangle = \langle\psi|\hat{Z}|\psi\rangle = \left\langle\phi^X_{-1}\middle|\hat{Z}\middle|\phi^X_{-1}\right\rangle = 0 \tag{13.18}
$$

である（したがって，Z は最大限に不確定である）ことが示せるので，確かめてみて欲しい．

これらの例以外にも様々な物理量について不確定性原理が成り立つことが知られている．有名な例としては，位置と運動量が同時に確定値をもつような状態はあり得ないという不確定性原理があるが，興味がある読者は章末の参考文献 [1] を参照されたい．

13.5　状態の重ね合わせと量子干渉効果

状態ベクトルは，ヒルベルト空間のベクトルだから，その線形結合がとれる．つまり，重ね合わせができる．

例えば，(13.14) と (13.16) の 2 つの状態ベクトルを重ね合わせたベクトルが作れる．一例を挙げると，θ を任意の実数として，

$$|\psi_\theta\rangle \equiv \cos\theta \left|\phi_+^X\right\rangle + \sin\theta \left|\phi_-^X\right\rangle \tag{13.19}$$

という状態ベクトルが作れる（θ の値に依存することを強調するために，$|\psi\rangle$ ではなく $|\psi_\theta\rangle$ と書いた）．重ね合わせ係数を $\cos\theta$ と $\sin\theta$ にしたのは，状態ベクトルは長さ $=1$ でなければならないので，それが任意の θ について自動的に満たされるようにしておくと便利だからである：

$$\|\,|\psi_\theta\rangle\,\| = \sqrt{\langle\psi_\theta|\psi_\theta\rangle} = \sqrt{|\cos\theta|^2 + |\sin\theta|^2} = 1 \tag{13.20}$$

この状態について，$\langle X\rangle$ や $\langle Z\rangle$ がどうなるか調べてみよう．

まず $\langle X\rangle$ だが，(13.13) に代入し，(13.10) と (13.11) を用いると，

$$\begin{aligned}\langle X\rangle &= \langle\psi_\theta|\hat{X}|\psi_\theta\rangle \\ &= \cos\theta \left\langle\psi_\theta\middle|\hat{X}\middle|\phi_+^X\right\rangle + \sin\theta \left\langle\psi_\theta\middle|\hat{X}\middle|\phi_-^X\right\rangle \\ &= \cos\theta \left\langle\psi_\theta\middle|\phi_+^X\right\rangle - \sin\theta \left\langle\psi_\theta\middle|\phi_-^X\right\rangle \\ &= \cos^2\theta - \sin^2\theta \end{aligned} \tag{13.21}$$

ゆえに，θ の値によって，すなわち重ね合わせ係数の値によって，$\langle X\rangle$ が異なる．

例 13.6　例えば $\theta = \pi/2$ の場合には，$\langle X\rangle = -1$ となる．これは，測定値が 100 % の確率で -1 であることを示しているが，そうなっ

た理由は，

$$\left|\psi_{\pi/2}\right\rangle = \cos\frac{\pi}{2}\left|\phi_+^X\right\rangle + \sin\frac{\pi}{2}\left|\phi_-^X\right\rangle = \left|\phi_-^X\right\rangle \tag{13.22}$$

と，状態ベクトルが固有値 -1 に属する $\hat{X}$ 固有ベクトルになるからである．これは，「(13.19) の重ね合わせ係数の｜絶対値$|^2$ の比が $0:1$ になるからだ」と解釈すればわかりやすい．

例 13.7　一方，$\theta = \pi/4$ と選べば，$\cos\theta = \sin\theta = 1/\sqrt{2}$ となるので，$\langle X\rangle = 0$ となる．これは，測定値が $+1$ か -1 かが 50 % ずつと，何の傾向もなく最大限にバラつくことを示している．これも，「(13.19) の重ね合わせ係数の｜絶対値$|^2$ の比が $1:1$ になるからだ」と解釈すればわかりやすい．

では，$\langle Z\rangle$ はどうだろうか？

$$\hat{Z}\left|\phi_\pm^X\right\rangle = \begin{pmatrix} 1 & 0 \\ 0 & -1 \end{pmatrix}\begin{pmatrix} 1/\sqrt{2} \\ \pm 1/\sqrt{2} \end{pmatrix} = \begin{pmatrix} 1/\sqrt{2} \\ \mp 1/\sqrt{2} \end{pmatrix} = \left|\phi_\mp^X\right\rangle \tag{13.23}$$

であるから，

$$\begin{aligned}
\langle Z\rangle &= \langle\psi_\theta|\hat{Z}|\psi_\theta\rangle \\
&= \cos\theta\left\langle\psi_\theta\middle|\hat{Z}\middle|\phi_+^X\right\rangle + \sin\theta\left\langle\psi_\theta\middle|\hat{Z}\middle|\phi_-^X\right\rangle \\
&= \cos\theta\left\langle\psi_\theta\middle|\phi_-^X\right\rangle + \sin\theta\left\langle\psi_\theta\middle|\phi_+^X\right\rangle \\
&= 2\sin\theta\cos\theta = \sin 2\theta
\end{aligned} \tag{13.24}$$

この結果は，$\langle X\rangle$ のときとは違って，「重ね合わせ係数の｜絶対値$|^2$ の比が $\cos^2\theta : \sin^2\theta$ になるからだ」とは解釈できない．もしもそういう解釈が可能であれば，$|\psi_\theta\rangle$ における Z の測定値は，$|\psi\rangle = \left|\phi_{+1}^X\right\rangle$ におけ

る Z の測定値と，$|\psi\rangle = |\phi^X_{-1}\rangle$ における Z の測定値が，$\cos^2\theta : \sin^2\theta$ の比で混じり合ったものになるはずだ．すると，平均値も $|\psi\rangle = |\phi^X_{+1}\rangle$ のときの平均値 (13.17) と，$|\psi\rangle = |\phi^X_{-1}\rangle$ のときの平均値 (13.18) を $\cos^2\theta : \sin^2\theta$ の比でならした値になるので，

$$\text{素朴な直感：} \langle Z\rangle = \cos^2\theta \times 0 + \sin^2\theta \times 0 = 0 \tag{13.25}$$

となるはずだ．しかし，実際にはそうはならない．例えば $\theta = \pi/4$ の場合，(13.24) より，

$$\langle Z\rangle = \sin\frac{\pi}{2} = 1 \tag{13.26}$$

である．これは，測定値が 100 % の確率で +1 になることを示しており，上記の素朴な直感とは全く異なっている．

このように，複数の状態を重ね合わせた状態について，「可観測量の測定値の出現頻度の比は，重ね合わせ係数の | 絶対値 $|^2$ の比になるだろう」という素朴な直感は，一般には成り立たない．この事実を，**量子干渉効果**という．

量子干渉効果は，量子論と古典論の違いが最も際立つ現象であり，量子現象の様々な場面に登場する．

13.6 時間発展

古典系と同様に，量子系も，一般には時間発展する．つまり，時々刻々と状態が変わってゆく．量子論における状態の時間発展の基本原理は，次の 2 つの場合に分けて定式化されている（図 13–1）：

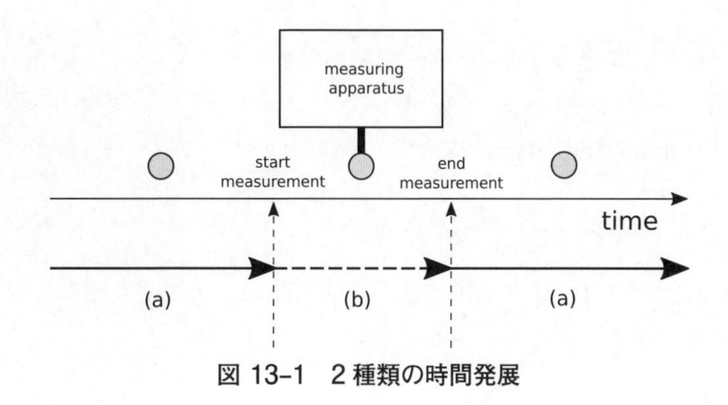

図 13–1　2 種類の時間発展

(a) 着目する量子系が，他の系からほとんど影響されずに時間発展する場合

その理想極限である，孤立系の時間発展を考える．

(b) 着目する量子系が測定される場合

測定装置という巨大な系が，量子系から物理量の情報を取り出すために，強く相互作用する．その理想極限である，測定装置の作用が十分に強くかつ有効に作用する理想測定の場合の時間発展を考える．

これらの理想極限ではない一般の場合（開放系，誤差がある測定，反作用が大きい測定，…）も，(a) と (b) を組み合わせて分析できる[5]．したがって，基本的原理としては，(a) と (b) で十分なのである．

状態ベクトルが時間変化するということは，それを表す縦ベクトルの各成分が時間の関数になっているということだ．そのことを明示するために，時刻 t における状態ベクトルを $|\psi(t)\rangle$ と書こう．すると (a) は，次の基本原理で与えられる[6]：

5)　詳しく知りたい読者は，参考文献 [2] を参照されたい．

6)　初等量子力学で習う一粒子系のシュレディンガー方程式は，この一般的なシュレディンガー方程式の特殊なケースにあたる．

量子論の基本原理 IV：孤立系の時間発展

孤立系の状態ベクトルは，次のシュレディンガー方程式（Schrödinger equation）に従って時間発展する：

$$i\hbar\frac{d}{dt}|\psi(t)\rangle = \hat{H}|\psi(t)\rangle \tag{13.27}$$

ただし，$\hbar$ は (11.3) にも出てきた定数，$\hat{H}$ は系のエネルギーを表す演算子であるハミルトニアンである．

ここで，左辺の微分は $|\psi(t)\rangle$ を表す縦ベクトルの各成分を t で微分することを表し，右辺は通常通りに $\hat{H}$ を表す行列を $|\psi(t)\rangle$ にかけるという意味だ．

一方，(b) については，次の基本原理で与えられる：

量子論の基本原理 V：測定直後の状態

物理量 $\hat{A}$ の理想測定を行い，測定値が $\hat{A}$ の固有値の中の 1 つ a であったとする．その場合，測定直後の状態ベクトルは，$\hat{A}$ の固有値の a に属する固有ベクトルになる．この原理を射影仮説と呼ぶ．

この射影仮説については，形而上学的な議論がずいぶんとなされてきたが，現代的な量子測定理論の発展により，それらのほとんどは科学としては（つまり「気持ち」の問題以外は）解決した．

これら 2 つの基本原理が互いに補いあいながら活躍する様を解説する時間は全くないので，興味がある読者は章末の参考文献などを参照されたい．

参考文献

[1] 清水 明『新版 量子論の基礎～その本質のやさしい理解のために』（サイエンス社，2004 年）

[2] K. Koshino and A. Shimizu, Physics Reports **412** (2005) 191–275 の第 4 章に，現代的な測定理論の総合報告がある．

14 ベルの不等式

清水 明

《目標 & ポイント》 ベルの不等式の導出を理解し，その意味や意義を理解する．
《キーワード》 ベルの不等式，CHSH 不等式，局所実在論，相関

11.2 節の(3)において，「ベルの不等式」というものが，古典論の破綻と量子論の本質を最も明確にあぶり出したと述べた．この章では，それを解説する．

14.1 遠く離れた2地点での実験

ベルの不等式で決定的に重要なのは，個々の測定が，空間的に離れた2地点で同時に行われることである．話を読みやすくするために，2地点を月と地球に選んで，以下のような実験を考えよう．

月と地球の間に浮かぶロケットから，2個の粒子が同時に放出されたとする．ひとつは月に向かい，もうひとつは地球に向かう．それぞれの粒子はスピンをもっており，月と地球の実験家がそれを測定する．

スピンは，(13.6) のようにパウリ行列の $\hbar/2$ 倍で表されるが，$\hbar/2$ は単なる定数なので，以下の議論には重要ではない．そこで，パウリ行列 $\hat{X}, \hat{Y}, \hat{Z}$ を「スピン」であるとして議論しよう．

月の実験家は，自分の所に飛んできた粒子について，（適当に座標軸を設定して）z 軸から角度 θ だけ（y 軸のまわりに）傾いた向きのスピン $A(\theta)$ を測る．ここで，$A(\theta)$ を表す演算子 $\hat{A}(\theta)$ は，通常のベクトル

と同様に，$\hat{X}$ と $\hat{Z}$ の線形結合

$$\hat{A}(\theta) = \hat{X}\sin\theta + \hat{Z}\cos\theta \tag{14.1}$$

で与えられる．これの固有値を求めると，$\hat{X}$ や $\hat{Z}$ と同様に ± 1 であることがわかる．したがって，13.3 節で述べた量子論の基本原理 III より，$\hat{A}(\theta)$ の測定値は，θ の値に無関係に，$+1$ または -1 である．それぞれの値を得る確率は θ を変えると変わるのだが，個々の測定値は $+1$ または -1 に限定されるのだ．実験家は，θ の値を自由に設定できるとする．

地球の実験家も同様に，自分の方に飛んできた粒子について，（適当に座標軸を設定して）z 軸から角度 ϕ だけ（y 軸のまわりに）傾いた向きのスピン $B(\phi)$ を測る．$B(\phi)$ を表す演算子 $\hat{B}(\phi)$ は，

$$\hat{B}(\phi) = \hat{X}\sin\phi + \hat{Z}\cos\phi \tag{14.2}$$

である．これの固有値も ± 1 であり，したがって $\hat{B}(\phi)$ の測定値も $+1$ または -1 である．実験家は，ϕ の値を自由に設定できるとする．

この実験を N 回（$\gg 1$）繰り返す．つまり，ロケットから **1 回目の実験と全く同じ条件で粒子対を放出しては月と地球で測る**，ということを N 回繰り返す．すると，一般には測定値はばらつく．j 回目の実験で 2 人が得た測定値を，それぞれ $a^{(j)}(\theta), b^{(j)}(\phi)$ と書けば，平均値は，

$$\langle A(\theta) \rangle = \frac{1}{N}\sum_{j=1}^{N} a^{(j)}(\theta) \tag{14.3}$$

$$\langle B(\phi) \rangle = \frac{1}{N}\sum_{j=1}^{N} b^{(j)}(\phi) \tag{14.4}$$

これらは，データを付き合わせてみなくても，月は月で，地球は地球で独立に計算できる量であることに注意しよう．では，データを付き合わせてみたら何がわかるのか？　それをこれから考えていく．

14.2　離れた地点での実験データの間の相関

データを付き合わせてみるために，月の実験家がデータをもって地球に帰って来たとする．そして，試みにそのデータから次の量を電卓でも使って計算してみたとしよう：

$$\langle A(\theta)B(\phi)\rangle \equiv \frac{1}{N}\sum_{j=1}^{N} a^{(j)}(\theta)b^{(j)}(\phi) \tag{14.5}$$

これは積の平均値であり，平均値の積 $\langle A(\theta)\rangle\langle B(\phi)\rangle$ とは一般には異なる値になる．例えば，$a^{(j)}(\theta)$ も $b^{(j)}(\phi)$ も $+1$ と -1 が半々であれば，$\langle A(\theta)\rangle = \langle B(\phi)\rangle = 0$ となるが，その場合の $\langle A(\theta)B(\phi)\rangle$ は，以下の例のように様々な値を取り得る：

例 14.1　$a^{(j)}(\theta)$ と $b^{(j)}(\phi)$ が，個々の測定値についてみてみると，いつも一致している（つまり $a^{(j)}(\theta) = b^{(j)}(\phi)$）という場合には，どの j についても $a^{(j)}(\theta)b^{(j)}(\phi) = 1$ となるので，

$$\langle A(\theta)B(\phi)\rangle = 1 \tag{14.6}$$

例 14.2　$a^{(j)}(\theta)$ と $b^{(j)}(\phi)$ が，個々の測定値についてみてみると，いつも反対符号である（つまり $a^{(j)}(\theta) = -b^{(j)}(\phi)$）という場合には，どの j についても $a^{(j)}(\theta)b^{(j)}(\phi) = -1$ となるので，

$$\langle A(\theta)B(\phi)\rangle = -1 \tag{14.7}$$

例 14.3　$a^{(j)}(\theta)$ と $b^{(j)}(\phi)$ が，全く無関係に独立にばらつくという場合には，積の平均値は平均値の積に等しくなるので，

$$\langle A(\theta)B(\phi)\rangle = \langle A(\theta)\rangle\langle B(\phi)\rangle = 0 \tag{14.8}$$

このように，データを付き合わせてみれば，両者の実験データの間に何か関連があるかどうかがわかる．例 14.1，例 14.2 のように何らかの関連があれば「**相関がある**」といい，例 14.3 のように全く関連がなければ「**相関がない**」という．そして，関連が強ければ「**相関が強い**」といい，関連が弱ければ「**相関が弱い**」という．また，相関の強弱の目安である (14.5) のことを，やはり**相関**と呼ぶ[1)]．これは，「互いに同符号になろう」とか「異符号になろう」等と同調している度合いを表していて，同調（相関）が弱ければゼロに近く，強ければ絶対値が大きくなる．

今の場合は，$A(\theta) = \pm 1$，$B(\phi) = \pm 1$ であるから，$A(\theta)B(\phi) = \pm 1$ であり，これの平均値である相関の大きさは，必ず

$$-1 \leq \langle A(\theta)B(\phi) \rangle \leq 1 \tag{14.9}$$

の範囲に収まる．例 14.1，例 14.2 は，それぞれこの上限と下限に一致し，相関の絶対値の大きさが最大になる例だったのである．この大きな相関は，しかし，不思議でもなんでもない[2)]．なぜなら，例えば，次のような身近な（？）例でも実現できるからである．

例 14.4　大きな相関は，スピンに限らず何でも簡単に出せることを示したいので，章末の参考文献 [1] で挙げた，たい焼きの例を挙げよう．

ロケットの中に，たい焼きを頭と尻尾に半分にちぎっては，片方を月に，もう片方を地球に向かって投げる機械があるとする．でたらめ

---

1)　通常は，平均値を引き算した量の積の平均を相関と呼ぶが，以下の議論では平均値がゼロの場合が主役を演ずるので，これを相関と呼んでしまうことが多い．

2)　専門家でない人が書いた本や雑誌では，このことを不思議であると書いてしまっている事例が目立つので，注意してほしい．某放送局のノーベル賞特番でも，筆者のたいやきの例 14.4 を使っていながら，ナレーションは同様の誤解を生みそうなものだった．

（ランダム）に投げるので，頭と尻尾のどちらがどちらに向かうかは，投げるたびにランダムにばらつくとする．月と地球の実験家は，頭が食べたい気分のときは $\theta = +1, \phi = +1$, 尻尾が食べたい気分のときは $\theta = -1, \phi = -1$ と，自分の気分をパラメータ θ, ϕ で表現する．（この例では，θ, ϕ は ± 1 しかとらないとする．）そして，自分が食べたい方が飛んできたら測定値を $+1$，食べたくない方が飛んで来たら -1 と記録することにする．例えば，月の人が頭を食べたいときに尻尾が飛んできたら，$\theta = +1$, $A(\theta) = -1$ という記録になる．

このように実験を設定すると，$\theta = +1, \phi = -1$（あるいは $\theta = -1$, $\phi = +1$）のときは例 14.1 の結果になるし，$\theta = \phi = +1$（あるいは $\theta = \phi = -1$）のときは例 14.2 の結果になる．

このように，$|\langle A(\theta)B(\phi)\rangle| = 1$ という最大の相関は，たい焼きの実験でも実現できてしまう単純な相関なのである．しかし，$\langle A(\theta)B(\phi)\rangle$ は，パラメータ θ, ϕ をそれぞれ一組だけの値に固定した実験結果の相関である．他の値 θ', ϕ' でも実験を行い，それらのデータを総合して見ると何が見えるか？ 以下ではそれを考えていく．

14.3 局所性と因果律

ある地点で行われた行為とか現象により，遠方の実験の結果が直ちに変わることはない．これを，局所性という．もしもこれが破れてしまうと，「原因の結果が光より速く伝搬することはない」という（相対論的な）因果律に反することになり，異なる慣性系[3] からみると原因と結果の順序が逆転してしまうなどの，滅茶苦茶なことになる．実験と経験によると，そのようなことは起こらないので，局所性は物理の最も基本的な要請になっている．

3） 粒子の位置などを記述するために設定する座標系のこと．

われわれが考察している実験では，各粒子対ごとに月と地球の測定が同時に行われているので，局所性により，月の測定結果，つまり $A(\theta)$ の測定値の確率分布は，地球の実験家が測定時に何をしようが（例えば，不意に ϕ を変えても）全く変わらない．同様に，地球の測定結果である $B(\phi)$ の測定値の確率分布は，月の実験家が測定時に何をしようが（例えば，不意に θ を変えても）全く変わらない．これが，ベルの不等式でも量子論でも，核心的な仮定になっている．

例えば，もしも光速を超えるような速さの粒子があったとしたら，その粒子を媒介にして，遠く離れた 2 地点間に瞬時に因果関係が生じることが可能になるので，因果律に反することになるが，そのような粒子は見つかっていない．一方，上述のたい焼きの例 14.4 では，地球の実験家は，自分の所に飛んできたのが頭か尻尾かを知った瞬間に，月に飛んだのが尻尾か頭かを知ることになるが，これは因果律に反しない．なぜなら，地球の実験家は，単に，月の測定値を瞬時に知るだけであり，月の測定値の確率分布は，地球の実験家が測定時に何をしようが変わらないからである．これは，情報を伝えられるかどうかを考えればわかりやすい．因果関係があれば，それを利用して情報を伝えられるはずである．地球の実験家が月の実験家に情報を伝えるためには，自分が意図した通りの値を相手に得させなければならない[4)]．しかし今の場合は，自分の得る値でさえ，自分の意図とは無関係にランダム（でたらめ）なので，相手が得る値も意図とは無関係にランダムである．したがって，情報は全く伝えられない．ゆえに，因果律には反しないのである．

14.4　局所実在論による記述

14.2 節の実験を，11.3 節で述べた古典的な考え方（実在論）で記述することを試みる．この考え方では，A も B も常に定まった値をもっ

---

4)　月にいる恋人に，プロポーズの返事を伝えることを想像してみよう．

ている．したがって，測定値が毎回同じ値にはならずにばらつくとすると，何かあるランダムな要因が働いていることになる．これに加えて，もうひとつ重要な仮定をする．前節で述べた「因果律」が守られること，つまり「局所性」を仮定する．すなわち，われわれは，局所実在論で記述することを試みる．それを用いて，次節でベルの不等式を導く．

まず，「ロケットの中では毎回同じ条件で粒子対を発生させている」とはいっても，ロケットの中の人が制御しきれない要因，あるいは，その存在に気付いていない変数 λ_0（これを俗に隠れた変数という）が毎回異なる値をもって作用して，その結果，A, B の値は，粒子対が発生した段階で，すでに毎回同じ値にはならずにばらついている可能性がある．さらに，粒子が宇宙空間を旅する間，A, B の値は何らかの法則に従って時間発展するかもしれないし，宇宙線などの制御しきれない要因が次々に働けば，A, B の値は，λ_0 とはまた別の変数 $\lambda_1, \lambda_2, \cdots$ の関数にもなる．したがって，$\lambda_0, \lambda_1, \lambda_2, \cdots$ をまとめて λ と記せば，A, B の値は，λ の関数になるはずである．そして最後に測定器にかかったときには，測定器のパラメータ θ, ϕ の影響も受ける．ここで重要なことは，月の測定値 A は地球の測定器のパラメータ ϕ には影響されず，地球の測定値 B は月の測定器のパラメータ θ には影響されない，ということである．これが局所性，すなわち因果律を保証する絶対条件である．

以上のことをひっくるめると，A は θ, λ の何らかの関数で，B は ϕ, λ の関数ということになる：

$$A = a(\theta, \lambda), \quad B = b(\phi, \lambda) \tag{14.10}$$

そして，測定値は ± 1 としたのだから，

$$a(\theta, \lambda) = \pm 1, \quad b(\phi, \lambda) = \pm 1 \tag{14.11}$$

である．また，$\lambda = (\lambda_0, \lambda_1, \lambda_2, \cdots)$ は，実験をするたびに異なる値をとる可能性があるので，多数回実験をして得られる A, B の測定値は，λ の確率分布（それぞれの値が出現する割合）$\{P(\lambda)\}$ に従ってばらつくことになる．当然ながら $\{P(\lambda)\}$ は

$$P(\lambda) \geq 0, \quad \sum_{\lambda} P(\lambda) = 1 \tag{14.12}$$

という，確率分布なら必ず満たす条件を満たさねばならない．

以上のことから，測定値の期待値と積の期待値（相関）は，

$$\langle A(\theta) \rangle = \sum_{\lambda} P(\lambda) a(\theta, \lambda), \tag{14.13}$$

$$\langle B(\phi) \rangle = \sum_{\lambda} P(\lambda) b(\phi, \lambda), \tag{14.14}$$

$$\langle A(\theta) B(\phi) \rangle = \sum_{\lambda} P(\lambda) a(\theta, \lambda) b(\phi, \lambda) \tag{14.15}$$

を計算すればよい．ここで，$a(\theta, \lambda), b(\phi, \lambda)$ の θ, ϕ は，粒子対がロケットを出たときの値ではなくて，測定するときの値であることに注意しよう．だから，粒子対がロケットを出た後で，実験家のところにたどりつくまでに，実験家の気が変わって θ, ϕ の値を変えても構わない．このように，実験のパラメータとか測る物理量の決定を，状態を準備するよりも後に行うような実験を，**遅延選択実験**という．詳しくは章末の参考文献 [1] を参照してほしいが，遅延選択実験のように，それぞれの実験家が，他方の実験家やロケットの中の人に知られることもなく，また指図も受けず，秘密かつ独立にθ, ϕの値を設定する場合にベルの不等式は成立するのである．

14.5 ベルの不等式

ベルの不等式にはいろいろなタイプがあり，細かく言うとそれぞれに名前が付いているが，それらを総称してベルの不等式またはベル型の不等式と呼ぶ．本書では，そのひとつである **CHSH** 不等式（Clauser-Horne-Shimony-Holt inequality）を導く．

ベルの不等式の証明に必要なのは，(14.15) と，測定値が ± 1 のどちらかであることと，$P(\lambda)$ が確率であることの必然である (14.12) だけである．重要なことは，局所実在論であれば，どんな理論であっても $\langle A(\theta)B(\phi)\rangle$ は必ずこれらの形に書けることである．

14.2 節で見たように，θ, ϕ の値を一組だけ選んで実験したのでは，最大の相関はたい焼きの実験（例 14.4）でも得られてしまう．そこで，月の実験家は θ を別の値 θ' に設定した実験も時々行い，地球の実験家は ϕ を別の値 ϕ' に設定した実験も時々行うことにする．そうすれば，θ, ϕ の値の組み合わせは 4 組できるので，後で 2 人のデータ（と，それぞれのデータを得たときの θ や ϕ の値）を付き合わせれば，相関は 4 種類計算できる．少々天下りだが，この 4 種類の相関を組み合わせた

$$C \equiv \langle A(\theta)B(\phi)\rangle + \langle A(\theta')B(\phi)\rangle - \langle A(\theta)B(\phi')\rangle + \langle A(\theta')B(\phi')\rangle \tag{14.16}$$

という量の取り得る値の範囲を考察する．例えば右辺の 4 つの相関がすべてゼロなら C もゼロなので，C も相関の強さの何らかの指標になっている．

計算はすこぶる簡単である．（これは，数学的難しさと物理的重要さは無関係であることの実例である！）記号の簡略化のため，

$$a = a(\theta, \lambda),\ a' = a(\theta', \lambda),\ b = b(\phi, \lambda),\ b' = b(\phi', \lambda) \tag{14.17}$$

と書き，まず，$|(a + a')b - (a - a')b'|$ という量の取り得る値の範囲を考える．$a = a'$ のときは $|(a + a')b - (a - a')b'| = 2|b| = 2$ だし，$a = -a'$ のときも $|(a + a')b - (a - a')b'| = 2|b'| = 2$ だ．つまり $(a + a')b - (a - a')b' = \pm 2$ であるから，

$$-2 \leq (a + a')b - (a - a')b' \leq 2 \tag{14.18}$$

ともいえる．この式に $P(\lambda)$ をかけて λ について和をとると，(14.12)，(14.15) より，

$$-2 \leq \langle A(\theta)B(\phi)\rangle + \langle A(\theta')B(\phi)\rangle - \langle A(\theta)B(\phi')\rangle + \langle A(\theta')B(\phi')\rangle \leq 2$$

これを (14.16) と見比べて，

$$-2 \leq C \leq 2 \tag{14.19}$$

これがベルの不等式のひとつ，CHSH 不等式である．

これにより，相関の強さの（何らかの）指標である C の絶対値が，局所実在論では最大で $|C| = 2$ までしかいかないことがわかる．この値は，上述のたい焼きの例 14.4 で，$\theta = +1$，$\theta' = -1$，$\phi = +1$，$\phi' = -1$ とすれば実現できる．つまり，(14.19) は，たい焼きの頭と尻尾程度の相関が，局所実在論で許される最大の相関であることを示しているのである．

14.6　量子論によるベルの不等式の破れ

14.4 節，14.5 節の導き方からわかるように，ベルの不等式は，局所実在論であれば必ず満たす不等式である．もしも量子論が，何かの系で，

何かある状態について，この不等式を破ることがあれば，量子論は局所実在論では記述できない内容を含んでいることになる．それを示すためには，ひとつ例を示せば十分なので，これから述べる例で十分である．

（1） エンタングルした状態

「月に $Z=+1$，地球に $Z=-1$ の粒子が飛んで来た」という状態を（$|\phi^Z_{+1}\phi^Z_{-1}\rangle$ と書くのは面倒なので）$|+-\rangle$ と書くことにしよう．この状態は，月に飛んできた粒子のスピンが z 軸方向を向き（確定し），地球に飛んできた粒子のスピンが z 軸の負の方向を向いている（確定している）状態である．また，これらのスピンがひっくり返った，「月に $Z=-1$，地球に $Z=+1$ の粒子が飛んできた」という状態を $|-+\rangle$ と書こう．そして，ロケットからは，これらの正反対の状態を重ね合わせた，

$$|\psi\rangle = \frac{1}{\sqrt{2}}|+-\rangle - \frac{1}{\sqrt{2}}|-+\rangle \tag{14.20}$$

という状態で粒子対が飛んでくるとしよう．

$|+-\rangle$ や $|-+\rangle$ は，上記のように日常言語でも表せる状態だったが，それらを重ね合わせたこの状態 $|\psi\rangle$ は，もはや日常言語では言い表せない，ヒルベルト空間論でないと記述できない奇妙な状態である．だからこそ，以下で示すようにベルの不等式を破るのである！ このような奇妙な状態を，エンタングルした状態とか，量子もつれ状態と呼ぶ．

（2） ベルの不等式の破れ

この状態 $|\psi\rangle$ について，測定値の期待値を計算すると，

$$\langle A(\theta)\rangle = \langle\psi|\hat{A}(\theta)|\psi\rangle = \frac{1}{2}\cos\theta - \frac{1}{2}\cos\theta = 0 \tag{14.21}$$

$$\langle B(\phi)\rangle = \langle\psi|\hat{B}(\phi)|\psi\rangle = -\frac{1}{2}\cos\phi + \frac{1}{2}\cos\phi = 0 \tag{14.22}$$

これは，月の測定値も地球の測定値も，θ, ϕ の値にかかわらず，$+1$ と -1 が確率 $1/2$ ずつで得られることを示している．一方，相関は，

$$\begin{aligned}\langle A(\theta)B(\phi)\rangle &= \langle\psi|\,\hat{A}(\theta)\hat{B}(\phi)\,|\psi\rangle \\ &= -\cos\theta\cos\phi - \sin\theta\sin\phi = -\cos(\theta-\phi)\end{aligned} \tag{14.23}$$

と計算される．この結果は，θ, ϕ に θ', ϕ' などを代入しても成り立つから，

$$C = -\cos(\theta-\phi) - \cos(\theta'-\phi) + \cos(\theta-\phi') - \cos(\theta'-\phi') \tag{14.24}$$

を得る．そこで，例えば

$$\theta = \frac{3\pi}{4},\ \phi = \frac{2\pi}{4},\ \theta' = \frac{\pi}{4},\ \phi' = 0 \tag{14.25}$$

のように設定すれば，

$$C = -2\sqrt{2} \simeq -2.8 \tag{14.26}$$

となり，$-2 \le C \le 2$ というベルの不等式 (14.19) を破る！

(3)　ベルの不等式が破れた原因

ベルの不等式が破れた原因は，量子論特有の干渉効果である．それを見るために，(14.20) の右辺の各項 $|+-\rangle$, $|-+\rangle$ における $\langle A(\theta)B(\phi)\rangle$ をそれぞれ計算して平均をとると，

$$\frac{\langle +-|\,\hat{A}(\theta)\hat{B}(\phi)\,|+-\rangle + \langle -+|\,\hat{A}(\theta)\hat{B}(\phi)\,|-+\rangle}{2} = -\cos\theta\cos\phi \tag{14.27}$$

これと正しい結果 (14.23) との差である，$-\sin\theta\sin\phi$ が干渉項である．

もしもこの干渉項がなければ，C は

$$C = -\cos\theta\cos\phi - \cos\theta'\cos\phi + \cos\theta\cos\phi' - \cos\theta'\cos\phi' \quad (14.28)$$

となるが，これは必ず $-2 \leq C \leq 2$ の範囲に収まることが示せる．同様に，状態が $|+-\rangle$ であっても，$|-+\rangle$ であっても，C は (14.28) になり，ベルの不等式は破れない．したがって，ベルの不等式が破れた原因は干渉効果である．

（4） 局所性は量子論でも保たれている

たい焼きの実験の例 14.4 と同様に，この実験でも，月と地球の間に瞬時に情報が伝わることはなく，因果律は守られる．理由は，14.3 節でたい焼きの実験について書いたのと同じである．つまり，局所性は量子論でも保たれている．

それにもかかわらず，量子論がベルの不等式を破ることを「非局所相関」と表現することがある．これは，「物理学では名は体を表さない」の悲惨な例であり，多くの誤解を招いているようだ．名で体を表したいなら「非局所実在論的相関」と言うべきであるが，そう書いている文献は少数派だ．

したがって，読者には，この例に限らず，用語の言語上の意味からその内容を推測することをいっさい止めることをお勧めする．なにしろ，「物理学では名は体を表さない」ことが少なくないのだから．

14.7 ベルの不等式の意義

以上のように，局所実在論と量子論では，相関の大きさの最大値について矛盾した結果が得られる．どちらが正しいのか？ 物理学は実験科学であるから，どちらが(より)正しいかは，実験が決める．つまり，どちらの理論が，より正しく自然現象を記述できるかが絶対的な判断基準になる．そこで，多くの人々によって実験が行われた．その結果はベルの不等式を破り，量子論の方がより正しく自然現象を記述する理論だということが実証された．

さて，このような理論・実験両面の研究から，何がわかったのだろう？ ベルの不等式は，局所実在論なら必ず満たす不等式であることが理論的に示されたのだから，上述の実験結果は，自然現象の中には決して局所実在論では記述できない現象があるということを意味する．そして，量子論はそういう現象も記述できる．もちろん，局所実在論で記述できることも量子論は記述できる．また，古典力学や古典電磁気学は局所実在論の一種である．したがって，それぞれの理論で記述できる現象の範囲は，次のような包含関係にある：

古典力学・古典電磁気学で記述できる現象
　⊂ 局所実在論で記述できる現象
　⊂ 量子論で記述できる現象　(14.29)

これを図示すると，図 14–1 のようになる．

俗に量子現象と呼ばれている現象は，図の内側の 2 本の線に囲まれた領域の現象が多い．しかし，それは「古典力学や古典電磁気学では記述

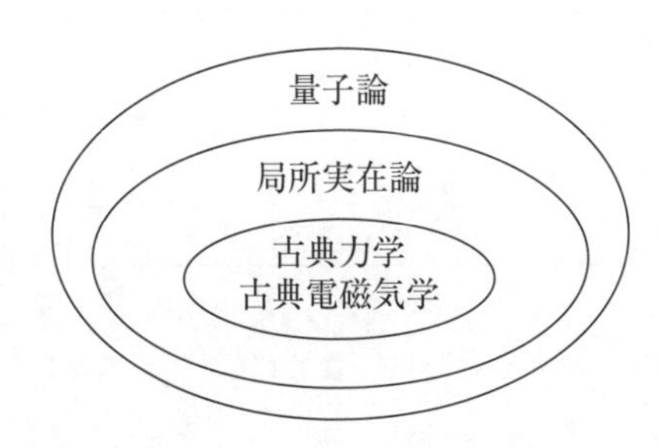

図 14–1　古典力学・古典電磁気学，局所実在論，量子論のそれぞれが記述できる現象の範囲　後者ほど広く，前者を包含する．そして，局所実在論と量子論の境界線を引くのが，ベルの不等式である．

できない」というだけのことであって，他の局所実在論を適当に作れば記述できる．つまり，実際には，量子論でも局所実在論でもどちらでも記述できる現象であり，量子論特有の現象とは言い難い．本当は，量子論の本質は，図の一番外側の，局所実在論では記述できない現象を記述できるところにある．そして，局所実在論と量子論の境界線を引くのが，ベルの不等式なのである．

ベルの不等式が発見されるまでは，量子論の必要性を説明するのに，「自然現象は，局所実在論でも記述できるかもしれないが，量子論で記述する方が簡便である」とか「隠れた変数のような，未だかつて観測にかかったことのない変数を導入するのは科学的でないから」というような，あまり本質的でない理由が語られていた．ベルの不等式は，量子論の必然性を，そういった消極的な理由ではなく，「局所実在論では決して記述できない自然現象があるから」という絶対的な理由に高め，それによって量子論の本質を初めて浮き彫りにしたのである．このことから，ベルの不等式は，「最も深遠な発見」と呼ばれることさえある．

また，応用面でも，ベルの不等式を破るエンタングルした状態は，いまや量子情報処理で主役を演じている．それについては次章で述べることにする．

参考文献

[1] 清水 明『新版 量子論の基礎～その本質のやさしい理解のために』（サイエンス社，2004 年）

15 物理の世界：この先の展望

岸根順一郎・清水 明

《目標＆ポイント》 本書では，今日の物理学の基本となる 4 つの見方を軸として，物理の世界を描き出すことを試みてきた．それら 4 つの見方を象徴するキーワードが，粒子（第 1〜3 章），場（第 4〜7 章），熱（第 8〜10 章），量子（第 11〜14 章）である．本章ではこれらの意味を振り返るとともに，読者がさらに進んで物理学の学習を進めるうえでの指針を示したい．

本書では，今日の物理学者が本質的に重要であると考えている 4 つの見方を強調する形で物理の世界を描いてきた．

《キーワード》 古典物理学，場の理論，量子論，物理学の柱

15.1 古典物理学からの展開

（1） 基本法則とその使い方

第 1 章で述べたように，古典力学の出発点は質点（粒子）の運動方程式である．運動方程式は粒子の位置を時間の関数として決定するための基本法則であり，時間についての 2 階微分方程式である．微分方程式を解くには，文字通り微積分という数学の処方が必須である．運動方程式の一般形

$$m\frac{d^2\boldsymbol{r}}{dt^2} = \boldsymbol{f} \tag{15.1}$$

を紙に書いて額に入れて飾っても何の役にも立たない．「方程式を解いたらどうなるか」という全体像を含めてこその基本法則なのである．

例えば，水素原子というものが，正の電荷 e をもつ原子核に負の電荷

$-e$ をもつ電子が束縛された系であることを知っているものとしよう．このとき電子の運動を古典力学で扱えると仮定すれば，運動方程式は

$$m\frac{d^2\boldsymbol{r}}{dt^2} = -\frac{e^2}{4\pi\epsilon_0}\frac{\boldsymbol{r}}{r^3} \tag{15.2}$$

という具体的な形に書ける．運動方程式の一般形の情報に加えて，電子の質量 m と，原子核と電子の間の引力相互作用（クーロン力）の強さが $e^2/4\pi\epsilon_0$ で与えらえるという情報が入り込んでいることに注意しよう．これらは物理パラメータと呼ばれる．物理パラメータは，具体的に考察の対象とする粒子の性質によっていろいろと変わる量である．例えるなら，この段階で運動方程式は「絵に描いた餅」から「調理可能なリアルな食材」になる．ここでいう「調理」とは，上記の方程式を微分方程式として解く数学的な作業を意味する．

しかし，電子の位置を時間の関数として一意的に（つまりただ一通りに）決定するにはまだ情報が足りない．特定の時刻での電子の位置と速度の情報（初期条件）が必要である．確立した基本法則を人間の意思で修正する余地はないが，初期条件を準備するのは人間であり，その準備の仕方には無限の可能性がある．ひとつの普遍的基本法則から無制限に多様な解が現れるわけであり，ここに普遍性と多様性の結びつきが生まれる．これは物理学の特徴といえる．

（2） 古典力学で水素原子が記述できるか

さて，古典力学的な運動方程式 (15.2) に基づいて原子というものが記述できるとする．問題は，水素原子が 10^{-10} m 程度という特徴的な長さのスケールをもつことが示せるかということだ．もし古典力学によって原子が記述できるなら，運動方程式 (15.2) からこの長さスケールを作り出せるはずだ．具体的にいえば，運動方程式に現れる 2 つのパラメータ

m と $e^2/4\pi\varepsilon_0$ から長さの次元をもつ量が作られなくてはならない．ところがこれは不可能だ．このことは，これらの量の次元が

$$m \text{ の次元} = \mathrm{M}, \qquad e^2/\varepsilon_0 \text{ の次元} = \mathrm{ML^3T^{-2}}$$

であることに注意すればすぐわかる．m と e^2/ε_0 の組み合わせ

$$m^\alpha \left(e^2/\varepsilon_0\right)^\beta \text{ の次元} = \mathrm{M}^{\alpha+\beta}\mathrm{L}^{3\beta}\mathrm{T}^{-2\beta}$$

から長さの次元 L をもつ量を作ろうとすれば $\alpha+\beta=0$, $3\beta=1$, $\beta=0$ でなくてはならないが，これを満たす α, β は明らかに存在しない．これは，古典力学に基づいて水素原子の大きさを言い当てることができないことを意味する．パラメータが足りないのだ．その，足りないもう 1 つのパラメータがプランク定数 h である．プランク定数の次元は $\mathrm{ML^2T^{-1}}$ だから，

$$m^\alpha \left(e^2/\varepsilon_0\right)^\beta h^\gamma \text{ の次元} = \mathrm{M}^{\alpha+\beta+\gamma}\mathrm{L}^{3\beta+2\gamma}\mathrm{T}^{-2\beta-\gamma}$$

である．$\alpha+\beta+\gamma=0$，$3\beta+2\gamma=1$，$-2\beta-\gamma=0$ を満たす α, β, γ の組は一意的に存在し，$\alpha=-1, \beta=-1, \gamma=2$ である．つまり

$$a = m^{-1}\left(e^2/\varepsilon_0\right)^{-1} h^2 = \frac{\varepsilon_0 h^2}{me^2} \tag{15.3}$$

という特徴的な長さが現れる．電子の質量 $m = 9.1\times10^{-31}\,\mathrm{kg}$，素電荷 $e = 1.6\times10^{-19}\mathrm{C}$，真空の誘電率 $\epsilon_0 = 8.85\times10^{-12}\,\mathrm{m^{-3}{\cdot}kg^{-1}{\cdot}s^4{\cdot}A^2}$，プランク定数 $h = 6.6\times10^{-34}\,\mathrm{J{\cdot}s}$ を代入してみると，$a \fallingdotseq 1.7\times10^{-10}\,\mathrm{m}$ となり，水素原子の特徴的な長さが出てくる！

量子力学を使って水素原子の問題を解くと，水素原子の広がりとして式 (15.3) の結果を π で割った長さ

$$a_{\mathrm{B}} = \frac{\varepsilon_0 h^2}{\pi m e^2} \tag{15.4}$$

が得られる．これをボーア半径という．ここでの考察から，水素原子の正しい記述には，プランク定数を自然に含む量子力学が必須だとわかる．物理法則に埋め込まれたパラメータの組み合わせ（べき乗と積）から，「特徴的なスケール」に対応する物理量がもつ次元を作り出せるかを探ることで，法則の妥当性自体がチェックできることを意味している．このような考え方は，未知の物理法則を発見するうえでの指針となる．

ところで，そもそも古典物理学では有限の広がりをもつ安定な原子の存在が否定される．原子核のまわりを巡る電子の運動は加速度運動である．荷電粒子が加速度運動すると，周囲に電磁波を放出して自らの運動エネルギーを失っていく．この結果，なんと 10^{-11} 秒程度という猛烈に短時間の間に電子は原子核めがけて落ち込んでいく．つまり，古典物理学からは「原子は必ず潰れる」という悲観的結論が引き出される．以上の困難は，量子力学の登場を待って，プランク定数の導入と不確定性原理によって救われることになる．

（3） 多粒子系から場へ

この特徴は，1 個の粒子に限られるものではない．たくさんの粒子を集めた，いわゆる多粒子系にも適用できる．例えばたくさんの粒子を同じばねでつないだ系（結合振動子系）を考えよう．この系の運動は，ばねの力がフックの法則に従う線形ばねであれば厳密に解ける．次に系全体の長さ L を一定に保ったまま粒子の数 N を増やし，隣接する粒子の間隔（つまりばねの自然長）$a = L/N$ をどんどん縮めていこう．N を増やしてついには無限大の極限をとると，粒子の分布は際限なく稠密になり連続的な分布とみなせるだろう．ここで述べた操作を「連続極限をとる」という．

連続極限をとると，系はもはやツブツブの集合体ではなくひとつながりの連続体，つまりひものようなものとみなせる．ひもの一端をゆすれば，その振動が波としてひもを伝わっていく．振動しているひものスナップショットをとれば，場所ごとに異なる変位の分布が描き出される．これはベクトル場そのものである．場とは，物理量が空間に分布したものだからだ．ひもを伝わる波動は，場の運動に他ならない．こうして，粒子の運動を記述する古典力学は，多粒子系の連続極限という見方を経て場の力学（場の理論）に移行する．実際，結合振動子の運動方程式に連続極限を施すと波動方程式が得られる．

(4) 粒子性と波動性

次に電磁場の法則であるマックスウェル方程式を思い出そう．この方程式は電場と磁場がいかに生み出されるかを記述する微分方程式である．つまり初めから「場の法則」なのである．もちろん電場や磁場は粒子の集合体ではない．しかし，粒子の集合体が波打つように，電磁場もまた波打つ．そしてその波動つまり電磁波こそが光の正体だったわけである．

興味深いのは，電子と光の対比である．J.J. トムソンは，マクロな実験室でマクロな実験装置である陰極管（cathode ray tube）を使い，陰極線の正体が電荷を帯びた「粒子」であることを突き止めた．これが電子の発見であり，1897 年のことであった．マクロスケールの実験を通して，電子は粒子として私たち人類の前に姿を現したのである．

一方の光については，ニュートンの時代以降，粒子であるか波であるかの論争が繰り返された．ニュートンは光を粒子の集合体と考え，同時代のホイヘンスは波と考えた．この論争に決着をつけたのがヤングである．ヤングは 1800 年頃，二重スリットを通った光が干渉効果を示すことから光が波動であると結論づけた．より正確には，ヤングは「水面に立つ波動の干渉縞と光の干渉縞の類似性」を指摘したのである．水面と光という全く異なる現象の背後に共通の原理を見抜いたのであり，これは物理学におけるアナロジーの成功例の嚆矢といえる．かくして，マクロスケールでの光は，波として私たち人類の前に姿を現した．

私たちの，電子と光との最初の出会いが，それぞれ粒子と場としてのものであったことは意義深い．このことは私たち人間の脳が，自然現象を「粒子的か波動的か」，あるいは同じことであるが「粒子か場か」のどちらかに分けないことには納得できないようにできているらしいことを象徴しているからだ．ところが，自然というものは人間の脳の認識能力などお構いなしに存在し，振る舞う．20 世紀に入って，粒子だと思われてきた電子がミクロなスケールでは波動性をもち，波動だと思われてきた光がミクロなスケールでは粒子性をもつ光子としても振舞うことが明らかになった[1)]．こうして粒子性と波動性を（いずれか一方ではなく）併せもつものとして量子の概念が生まれた．量子論は，「粒か波か」どちらかに決めたがる人間に自然が突きつけた挑戦状だといえるだろう．

では，粒子の見方と場の見方はどちらがより基本的なのだろう．この問いに対する答えは，一見「無」に見える真空状態から粒子が生成したり消滅したりする現象が起きることから引き出せる．図 15–1 に示すのは，金の原子核どうしを衝突させて壊すと，金に含まれる陽子と中性子の他に，膨大な数の粒子が生成される様子である．不生不滅の粒子の描像に固執すると，この現象は到底理解できない．実際，古典力学における粒子も，量子力学における粒子も決して消え去ることができない．ではどう考えればよいのだろう．

例えば，別府にある坊主地獄という泥温泉を思い浮かべよう．この泥

1） 私たちが日常目にする光は，あまりにも膨大な数の光子を含む．この結果，干渉性（コヒーレンス）をもつ古典的波動（電磁波）としての光が現れる．光子から作られた古典的波動状態はコヒーレント状態と呼ばれる．

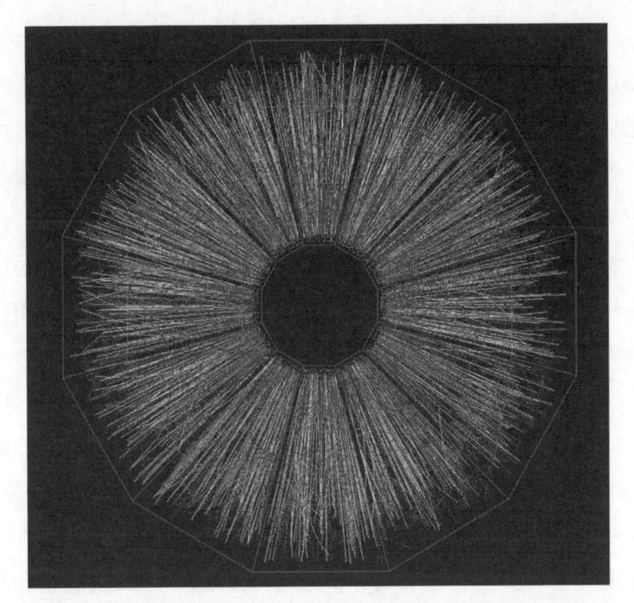

BROOKHAVEN NATIONAL LABORATORY/SCIENCE PHOTO LIBRARY/ユニフォトプレス

図 15–1　米国ブルックヘブンにある相対論的重イオン衝突型加速器（RHIC）で，金の原子核どうしを衝突させた結果

温泉では，泥状の熱湯の表面がポコポコと湧き上がっては消える様子が見られる．鴨長明の方丈記の有名な一節「よどみに浮かぶうたかたは，かつ消えかつ結びて，久しくとどまりたるためしなし」そのものの光景である．静かな泥の表面は，空間的な広がりをもつ場のイメージそのものである．そこにポコポコと湧き出しや泡ができるのである．

この様子は粒子の生成・消滅に結びつけると，真空に何らかの場（電子の場や光子の場）が存在し，それをつまみ上げたり孔をあけたりすることで，空間に広がった場から電子や光子が量子として取り出せるという見方につながる．現代物理の言葉で言えば，場を励起して粒子を作るのである.

あるいは,次のように例えてもよい.豆電球がずらっと並んでいるようすを思い浮かべよう.これが励起される前の場(真空)に対応する.そして,適当な位置の豆電球を点灯することが場の励起,すなわち場の量子を作ることに対応する.場の量子はいくつできてもよいし,できた量子を消すこともできる.ある粒子が空間を伝わっていく様子は,豆電球をリレー式に次々とつけては消す操作に対応する.これが現代物理学のひとつの到達地点ともいえる場の量子の考え方である.この考え方はまた,あらゆる電子は互いに区別できないという実験事実とも調和する.

かくして粒子の物理学である古典力学と,場の物理学である電磁気学(あわせて古典物理学)は,それぞれを象徴する電子と光の発見を通し,やがて場の量子という見方に収束してきたのである.古典物理学の中に,現代物理学の見方・考え方が潜在していたことに注意されたい.

(5) 物理と数理

ここまでかなり一般的な話をしたが,読者の皆さんとしては「自分の手で物理法則を使えるようにしたい」というのが素直な気持ちだろう.古典力学,電磁気学,量子力学では,考察対象をモデル化して基本法則(運動方程式,マックスウェル方程式,シュレディンガー方程式)を書き,方程式に現れる物理パラメータを特定し(この段階で微分方程式が完成),さらに初期条件あるいは境界条件[2]が加われば「調理」が開始できる[3].

実際の調理に包丁を使うように,数学を使って微分方程式の解を求め

2) 粒子の運動方程式の場合,位置と速度についての初期条件(時間的な情報)が与えられれば微分方程式の解が一意的に定まる.これに対して,例えば電場中に置かれた導体周辺の静電場をマックスウェル方程式 (6.24)~(6.27) に基づいて一意的に決めるには,導体表面での電場の情報(空間的な情報)が必要である.こちらを境界条件と呼ぶ.

3) マクロな体系の論理である熱力学と統計力学では,基本法則自体が微分方程式では書かれないので解析方法が異なる.

ることになる．この作業方針を一般に数理と呼ぶが，これを身に着けるには包丁さばきと同様に訓練（修行）が必要である．しかし初めからプロを目指す必要など全くない．まずは本書に出てきた程度の数学，つまり基本的な微分方程式，ベクトル場の微分・積分，さらに量子論では線形代数の初歩的知識程度で調理できる問題を自分の手で解いてみる．そこから徐々に複雑な数理を要する問題に進んでいけばよい．実際にプロの物理学者の研究現場でも，まずは簡単な数理で大雑把な解のあたりをつけ，その後で調理の緻密化が必要とわかればより高度な数理を使うやり方が普通である．塩と砂糖を間違えない，というレベルから初めて徐々に繊細な味付けにすればよい．

ここでひとつ注意する．物理法則を使いこなすとは，与えられた微分方程式を解く作業にすぎないと，単純に発想してはいけない．正しくは物理の問題を微分方程式に仕立て，これを解くのである．質点の力学や電磁場解析の場合，この「仕立て」の部分は案外簡単なことが多い．一方，身の回りのマクロな力学現象を考察する場合はこの仕立ての部分が非自明であることが多い．例として以下の問題を挙げる．

例 15.1　微分発想と積分発想：糸巻きに糸をぐるっと一周巻きつけて両側から張力 T_1, T_2 $(T_2 > T_1)$ で引っ張る．静止摩擦係数を $\mu = 0.3$ として，T_2/T_1 の値がいくらになると滑り始めるだろう．この問題を実演するのはごく簡単だが，微分方程式に仕立てるには少し訓練が必要だ．この問題は連続的につながった糸が，糸巻きの表面と連続的に接触する問題だからだ．

発想としては，デカルトのいう「困難は分割せよ」の方針に従う．つまり糸を細かな素片に分け（微分して），一つひとつの素片を粒子とみなすのだ．こうすれば，連続体の問題を粒子の問題に還元できる．

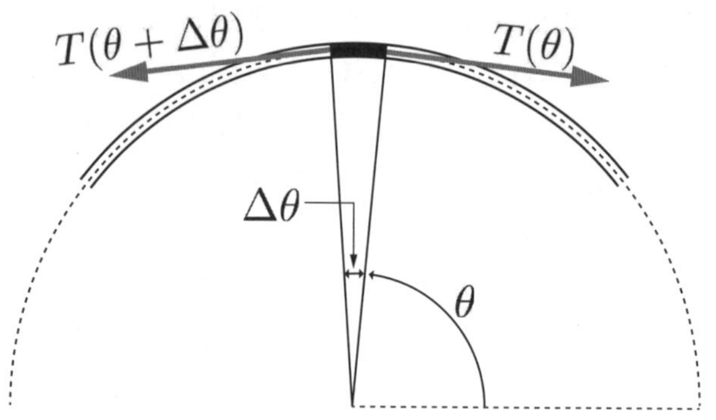

図 15–2　糸巻きに巻いた糸を微小素片に分割する

こうしておいて，最後に素片を貼り合わせて（積分して）有限の糸を再現する．微かな素片に分け（微分），分けたものを積み上げる（積分）．微分発想と積分発想の連携である．

具体的に，図 15–2 のように素片の位置は角度 θ で指定できる．そして素片に対応する円弧の中心角を $\Delta\theta$ とする．糸の張力は θ の関数として $T(\theta)$ と書けるはずだ．すると，素片に働く動径方向の力（つまり垂直抗力）は

$$N = T(\theta + \Delta\theta)\sin\left(\frac{\Delta\theta}{2}\right) + T(\theta)\sin\left(\frac{\Delta\theta}{2}\right) \tag{15.5}$$

接線方向の力は

$$S = T(\theta + \Delta\theta)\cos\left(\frac{\Delta\theta}{2}\right) - T(\theta)\cos\left(\frac{\Delta\theta}{2}\right) \tag{15.6}$$

となる．ここで $\sin\left(\frac{\Delta\theta}{2}\right)$ のように $\frac{\Delta\theta}{2}$ が現れているが，これは素片の中点を基準に角度を測っているからだ．この基準を中点からずらしても，角度変化が微小であれば結果は変わらない．次に $\Delta\theta \to 0$

の極限をとる．つまり $\Delta\theta$ を $d\theta$ で置き換える．$d\theta$ の 2 次以上の項をすべて無視するのが微分であり，

$$T(\theta + d\theta) = T(\theta) + T'(\theta)\, d\theta \tag{15.7}$$

となる．さらに

$$\sin\left(\frac{d\theta}{2}\right) = \frac{d\theta}{2}, \quad \cos\left(\frac{d\theta}{2}\right) = 1$$

である．すると

$$N = (T + T' d\theta)\frac{d\theta}{2} + T\frac{d\theta}{2} \underset{T'(d\theta)^2\text{は無視}}{=\!=} T d\theta \tag{15.8}$$

$$S = (T + T' d\theta) - T = T' d\theta \tag{15.9}$$

となる [$T(\theta)$, $T'(\theta)$ は T, T' と略気した]．糸が滑り始めるのは，S が最大静止摩擦力に等しくなるときである（ここで初めて物理法則が現れた！）．この条件は $S = \mu N$ であり，上の 2 つの式から微分方程式

$$\frac{dT}{d\theta} = \mu T \tag{15.10}$$

が得られる．ここに至るまでに自明でない考察が必要だったことに注意しよう．ここまでくれば後はこれを解くだけである．変数分離型なので

$$\frac{dT}{d\theta} = \mu T \Rightarrow \frac{dT}{T} = \mu d\theta \Rightarrow \int \frac{dT}{T} = \mu \int d\theta \Rightarrow \log T = \mu\theta + \text{定数} \tag{15.11}$$

$\theta = 0$ で $T = T(0) = T_1$ に注意すると定数が $\log T_1$ であることがわかる．つまり

$$T(\theta) = T_1 e^{\mu\theta} \tag{15.12}$$

となって解が一意的に決まる．糸をぐるっと1周した先の張力が T_2 なので，$\theta = 2\pi$ とおいて

$$T_2 = T_1 e^{2\pi\mu}$$

が得られる．例えば静止摩擦係数が $\mu = 0.3$ なら $T_2/T_1 = e^{0.6\pi} \fallingdotseq 6.6$ である．2周させる場合は $\theta = 4\pi$ とおいて $T_2/T_1 = e^{1.2\pi} \fallingdotseq 43$ となり，文字通り指数関数的に値が増える．このことは，“実験”してみればたやすく実感できるだろう．

15.2　量子論の展開

量子論は，最初は，1個の粒子の非相対論的な運動について定式化された．その成功を受けて急速に適用範囲が拡大され，複数個の粒子より成る系，相対論的な粒子の系，電磁場などにも拡張された．

特に，電子のような古典的には粒子であるような系と，電磁場のように古典的には場であるような系が，**場の量子論**として統一的に記述できるようになったことは大きな進展であった．そして，そのハミルトニアン[4)] に登場させる場の種類を調整し，異なる場の間の相互作用を調整することで，**標準モデル**というものが構築された．これは，現時点までに実験で確認されたすべての素粒子の振る舞いを記述できる理論であり，現在までのところ実験との矛盾は見つかっていない強力な理論である．

しかし，すべての物理学者が標準モデルに満足しているわけではない．まず，新しい素粒子が見つかるたびに，建て増し旅館のように増築を繰り返してきた理論なので，あまり美しくはない．また，まだまだ実験では到達できないような極微のスケールまでいくと，時空の理論である一

4)　実際には，ハミルトニアンと等価な内容をもつ，「ラグランジアン」というもので考える．

般相対性理論と量子論が矛盾することが理論的にわかっているのだ．

そこで，さらに量子論を拡張する試みが成されているが，数学的に難しくなることに加えて，現在の技術では実験できないということが大きな障害になって，まだ成功してはいない．自然科学は，理論だけでは「何でもあり」になってしまうので，どうしても，実験による検証や（複数の可能性のどれが正しいかの）峻別が必要になるからだ．

いずれにせよ，量子論は，現在までのところ，登場する粒子の種類やハミルトニアンは違えども，11.4 節で述べた基本的枠組みはすべて共通である（13 章で述べた具体的な定式化も，若干の拡張を行えば，共通である）．もしかすると，この枠組みを超えないと上記の問題は解決できないのかもしれないが，まだ誰も新しい枠組みの構築に成功していない．提案するだけならいくらでもできるのだが，妥当性が不明なので，ただの提案にとどまざるを得ないのが実状である．

一方で，現在の量子論の範疇で，量子論が何を可能とし何を不可能としているのかとか，量子論が何をもたらすか，などを研究することも盛んである．これはちょうど，将棋のルールは確立していても，どんな戦法があるか，どんな手筋があるか，などが今も盛んに研究されていて，かつての定跡や常識が覆るなど，日々進歩しているのと同様である．その代表例が，14 章で述べた，ベルの不等式とその破れの発見である．

応用の面でも，ここ数十年のうちに，新しい流れが大きくなってきた．量子論の応用というと，従来は，11.1 節で述べたように，量子論の効果を適切なモデルとそのパラメータとして取り入れた古典モデルでほぼ理解できる範囲の応用が中心だった．言い換えれば，量子論の効果が，個々のデバイスの中で完結しているような応用が主流だった．ベルの不等式を思い出すと，離れた地点の相関にこそ量子論と古典論の本質的な違いが出るのであったから，量子論の効果が個々のデバイスの中で完結するような応用の場合には，量子論の本領をフルに発揮していることにはならない．

例えば，量子干渉効果を利用する「量子干渉素子」が盛んに研究されていた時期があった．量子干渉効果を利用したトランジスターなどだ．しかし，個々の素子の中では量子干渉効果を利用していても，素子間の信号のやりとりが従来のように古典的であれば，量子干渉効果は個々の素子の中で完結してしまうので，その限界性能はあまり高くないことが示された．

したがって，量子論の本領をフルに発揮させるには，個々のデバイスに古典素子ではできない能力をもたせるか，または，多数の素子にわたって量子干渉効果などの量子論の効果を利用するか，のいずれかの道をとる必要がある．

前者には，例えば「量子非破壊測定器」という，量子的な測定の反作用を量子論が許す最小限度に抑えた測定器などがある．近年になって特に盛んになってきたのは後者で，「量子鍵配送」や「量子計算機」などが活発に研究・開発され，一部は商業展開もなされている．

例えば「量子鍵配送」は，暗号化されたファイルを送るときに，それを復号（解読）するための（デジタル化された）「鍵」が第三者に盗聴されずに伝送されることを量子論が保証してくれる，というものである．そのため，機密情報を伝送する際の最強の伝送方法として，利用され始めている．一方，量子計算機は，まだ制御性も扱えるデータサイズも十分ではなく，それらを向上させるべく，急ピッチで研究・開発が行われている．

15.3　物理学の４本の支柱

マクロな理論である熱力学と，ミクロな理論である量子論を見比べてみると，そのあまりの違いに愕然としないだろうか？ そもそも熱力学は 11.3 節で述べた「古典論の基本的枠組み」にのっとった理論であるのに対し，量子論は 11.4 節で述べた「量子論の基本的枠組み」にのっとった理論であるから，根本からことごとく違っている．

しかし，マクロ系を対象とする場合，どちらも同じ物理系を記述する理論である．もちろん，8.3 節で述べたような解を求めることの難易度の違いはあるが，ここで言ってるのは，解が求まるかどうかではなく，適用対象であるか否かである．例えば 1 リットルの水は，それを熱することで熱くなったり蒸発したりする様子をマクロにみると熱力学に従い，分子やその中の電子のスケールでミクロにみると量子力学に従う．同じ物理系が，みるスケールを変えることで，まるで異なる法則に従っているようにみえるのである．

となると「量子論と熱力学は，どうつながっているのだろうか？」ということを知りたくなる．この問いは，まだ量子論が出来上がる前の段階で，「(古典) 力学と熱力学はどうつながっているのだろうか？」という問いの形で研究が始まった．それが，マックスウェルやボルツマンによる**統計力学**の創始である．

統計力学の目標は大きく分けて次の 3 つである：

1. 8.5 節で述べた熱力学の基本原理 I，特に「I-(i) 平衡状態への移行」を，ミクロな物理法則から示す．
2. 9.1〜9.4 節で述べた熱力学の基本原理 II をミクロな物理法則から示す．
3. 個々の物質について，9.3 節で述べた「基本関係式」を，ミクロな物理学を用いて求める．

これ以外にも，熱力学の基本原理 I と II を組み合わせれば証明できる様々な熱力学の定理を，ミクロな物理法則から示すことも行われているが，ここではこの形に整理して説明する．

3 は，統計力学の基本原理を認めて，それを強力な武器として使っていこうという方向である．これにより，まだ実験されていないような物質とか, 中性子星などの実験が困難な物理系の, 熱力学的性質が予言できるので，とても有用である．その意味でも，統計力学は物理学になくてはならない存在になっている．この目的で統計力学を使う限りは，1，2 を解き明かす必要はなく，ただ受け入れればすむ．利用頻度という点では，これが圧倒的に多い．

これに対して，1，2 を解き明かそうとする試みは，容易には解決しない問題の研究なので，ボルツマン以来 150 年以上も議論されてきた．外界との相互作用が本質的だ，と主張される場合もあるが，外界との相互作用が無視できる系でも 1，2 が成り立つ場合があることが理論的にも実験的にも示されている．つまり，外界との相互作用があれば大きな助けにはなるが，それがすべてではない．したがって，8.3 節で述べたように，運動方程式が解けないことが本質だろうということが広く認められている．

しかし，そもそも「運動方程式が解けない」ということ自体が，きちんと科学的に表現しようとすると，なかなか厄介だ．例えば古典力学系であれば「カオス」という概念に結びつけて考えるのが一般的だが，それを量子論に移植しようとすると，不確定性原理などのために問題が生じるのだ．また，特定の系やモデルで 1，2 を示せても，「ほとんどすべてのマクロ系で成り立つ」という熱力学の強大な普遍性を示したことにはなりえないので，膨大な系やモデルを包含した一網打尽の議論をする必要がある．それもきわめて難しい．そういうわけで，1，2 については，「大部分を認めて残りの部分を示す」くらいしかできてはいない．

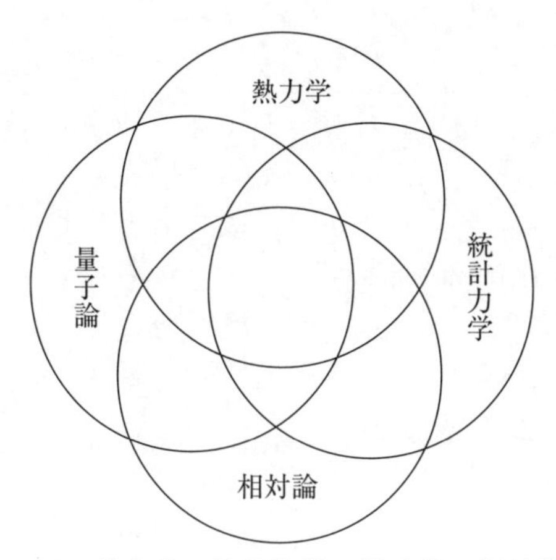

図 15–3　熱力学・統計力学・量子論・相対論は，お互いに依存しあい関係しあって，現代の物理学の根幹を成している．

つまり，現段階では，例えば量子論から熱力学のすべての基本原理を導き出す，というようなことはできていない5)．むしろ，図 15–3 のように，熱力学・統計力学・量子論，およびそこに登場する物質が「住む」時空の構造を扱う相対論が，お互いに支え合って，物理学の 4 本柱となっているのである6)．これらのいずれを欠いても，現代の物理学は立ちゆかない．

参考文献

[1] 清水 明『統計力学の基礎 I』（東京大学出版会，2024 年）

[2] A. Shimizu and H. Sakaki, Quantum Noises in Mesoscopic Conductors and Fundamental Limits of Quantum Interference Devices, Phys. Rev. **B44**, 13136(R) (1991)

[3] M. A. Nielsen and I. L. Chuang 『Quantum Computation and Quantum Information』(Cambridge University Press, Cambridge, U.K., 2000)

5)　例えできたとしても，いつも量子論から出発するのでは，車の設計をするのに素粒子論から出発するようなもので，「牛刀をもって鶏を割く」である．

6)　電磁気学や標準理論は，場の量子論として量子論の中に含めた．

索引

●欧文の配列はアルファベット順，和文の配列は五十音順.

●アルファベット

CHSH 不等式（Clauser-Horne-Shimony-Holt inequality） 220
K（ケルビン） 149
operator 199
Planck's constant 175
Schrödinger equation 210
spin 175

●あ 行

圧力 151
アボガドロ定数 142
アンペールの法則 101
位相 186
位相因子 186
位置エネルギー 32
位置ベクトル 11
因果律 216
運動エネルギー 28
運動学 11
運動方程式 15
運動量保存則 20
エネルギー 142
エネルギー固有状態 202
エネルギー固有値 202
エルミート演算子 199
エルミート共役 195
エルミート行列 199
演算子 199
エンタングルした状態 222
エントロピー 135, 141
エントロピー増大則 159
オイラーの公式 185
オイラー・ラグランジュ方程式 61
温度 149

●か 行

解析力学 59
回転型 71
回転対称性 48
外力 21
ガウスの発散定理 78
ガウスの法則の積分形 92
ガウスの法則の微分形 94
化学ポテンシャル 153
可観測量 180, 200
角運動方程式 50
角運動量 49
確率 176
確率分布 176
隠れた変数 218
重ね合わせ 206
重ね合わせ係数 192
重ね合わせる 192
「壁」 141
ガリレイ対称性 117
慣性系 15
慣性の法則 15
気体定数 143
軌道面 51
基本関係式 143
共役複素数 184
行列 194
極座標系 51
局所実在論 218
局所性 216
虚数単位 182
虚部 183

近接作用 68
クーロン電場 88
クーロンポテンシャル 88
クーロン力 19
ケットベクトル 196
減衰振動 25
向心加速度 14
拘束 141
光速不変原理 119
剛体 54
勾配 31
効率 162
古典系 181
古典電磁気学 173
古典物理学 173
古典力学 173
古典論 173
古典論的考え方 177
固有値 201
固有ベクトル 201
孤立系 209

●さ 行

サイクル過程 162
作用 59
作用・反作用の法則 16
時間発展 178, 181
次元 10
仕事 29, 42
仕事から熱への変換効率 163
仕事当量 154
仕事率 29
指数関数 185
磁束 104
実在論 177, 178
質点 11
実内積空間 190
実部 183
実ベクトル 187
実ベクトル空間 189
射影仮説 210
ジュールの実験 153
重力 19
重力加速度 23
シュレディンガー方程式 210
循環 78
純粋回転型 72
純粋発散型 72
準静的過程 146
状態ベクトル 198
状態方程式 151
状態量 153
真空の透磁率 96
真空の誘電率 88
スカラー場 30, 69
ストークスの回転定理 80
スピン 175
正準運動量 62
正準変数 65
静電気力 19
静電ポテンシャル 88
成分 187, 191, 194
正方行列 194
積分 12, 14
摂氏温度 149
絶対温度 149
絶対値 184
遷移 135, 156
線形結合 192
相関 215
相空間 66
相互作用ポテンシャル 36

操作　135, 156
相対性原理　119
測定　178, 180
束縛　141
素電荷　84

●た　行

対称性　46
体積分　78
体積要素　77
縦ベクトル　188
単位　10
単磁極（モノポール）　107
単純系　141
断熱　138
断熱過程　43
暖房効率　169
遅延選択実験　219
力のモーメント　50
中心力　48
直交基底　11
直交座標系　11
直交する　190, 193
定常電流　96
電位　88
電荷保存則　85
電磁ポテンシャル　110
電磁誘導の法則　104
転置　195
電流　85
電流密度　85
線要素ベクトル　78
導関数　12
統計力学　241
特殊相対性理論の要請　119
トルク　50

●な　行

内積　189, 192
内部エネルギー　41, 142
内力　21
長さ　189, 193
ナブラ記号　31
ニュートン力学　10
熱　43, 137
熱から仕事への変換効率　164
熱機関　164
熱平衡状態　133
熱力学　127
熱力学第一法則　138
熱力学第二法則　160
粘性抵抗　23

●は　行

場　68, 238
パウリ行列　200
発散型　70
場の量子　234
場の量子論　238
場の理論　231
ハミルトニアン　200, 202, 210
ハミルトン形式　66
万有引力　19
ヒートポンプ　168
ビオ-サバールの法則　98
微分　12
微分係数　12
微分方程式　22
標準モデル　238
ヒルベルト空間　194
ファラデーの法則　104
フェルマーの原理　59

不可逆過程　159
不可逆性　159
不確定性原理　205
複合系　141
複素共役　184
複素数　183
複素内積空間　194
複素ベクトル　191
複素ベクトル空間　192
物質量　142
物理状態　178, 180
物理量　178, 180
部分系　134
普遍性　160
フラックス（束）　75
フラックスルール　104
ブラベクトル　196
プランク定数　175
平衡状態　132–134
平衡値　147
並進　47
ベクトル　187
ベクトル場　69
ベクトル場 $\boldsymbol{v}$ の回転　72
ベクトル場 $\boldsymbol{v}$ の発散　71
ベル型の不等式　220
ベルの不等式　172, 177, 220
ヘルムホルツの定理　73
変位電流　106
変位電流密度　107
偏角　186
変数分離型　24
偏微分　144
偏微分係数　144
変分原理　59
ボーア半径　230
保存則　135
保存量　135
保存力　32
ポテンシャル　32

●ま　行

マイケルソン・モーリーの実験　118
マクロ系　127
マクロ系の物理学　127, 129
マックスウェル方程式　82, 84
ミクロ系　127
面積分　76
面積要素ベクトル　76

●や　行

誘導起電力　104
誘導電場　104
ゆらぎ　127
要素　194
横ベクトル　188

●ら　行

ラグランジアン　59
ラグランジュ形式　59
ラプラス演算子　73
力学的エネルギー保存則　33
力学的仕事　137
力積　17
理想測定　209
立体角　90
量子干渉効果　208
量子技術　172
量子系　181
量子現象　225
量子状態　181
量子測定　181

量子電気力学　172
量子もつれ　222
量子力学　172
量子論　173
冷却効率　166
レンツの法則　104
ローレンツの力　82
ローレンツ変換　120

著者紹介

岸根　順一郎（きしね・じゅんいちろう）

・執筆章→1〜7，15

1967年	京都府に生まれ，東京都立川市で育つ
1991年	東京理科大学理学部物理学科卒業
1996年	東京大学大学院理学系研究科物理学専攻博士課程修了 岡崎国立共同研究機構・分子科学研究所助手（1996–2003），マサチューセッツ工科大学客員研究員（2000–2001），九州工業大学工学研究院助教授・准教授（2003–2012）を経て放送大学教授（2012）．この間，岡崎国立共同研究機構・分子科学研究所客員教授，京都大学客員教授，東京大学客員教授
現在	放送大学教授・理学博士
専攻	理論物理学（物性理論）
主な著書	新訂 初歩からの物理（共著　放送大学教育振興会） 物理の世界（共著　放送大学教育振興会） 改訂新版　力と運動の物理（共著　放送大学教育振興会） 新訂 場と時間空間の物理（共著　放送大学教育振興会） 量子と統計の物理（共著　放送大学教育振興会） 量子物理学（共著　放送大学教育振興会） 現代物理の展望（共著　放送大学教育振興会）

清水　明（しみず・あきら）

・執筆章→8〜15

1956 年　長野県に生まれる
1979 年　東京大学理学部物理学科卒業
1984 年　東京大学理学系大学院物理学専攻博士課程修了
キヤノン（株）中央研究所研究員（1984–1990），同主任研究員（1990–1992），新技術事業団榊量子波プロジェクト探索・評価グループグループリーダー（1990–1992），東京大学教養学部物理学教室助教授（1992–1995），東京大学大学院総合文化研究科助教授（1995–2005），東京大学大学院総合文化研究科教授（2005–2022），東京大学大学院総合文化研究科先進科学研究機構機構長（2018–2022）などを経て
現在　東京大学名誉教授，放送大学客員教授・理学博士
専攻　理論物理学（量子物理学，物性基礎論）

主な著書　熱力学の基礎 第 2 版 I，II（東京大学出版会）
新版 量子論の基礎（サイエンス社）
アインシュタインと 21 世紀の物理学（共著　日本評論社）
Low-Dimensional Systems – Interactions and Transport Properties（共著　Springer）
Mesoscopic Physics and Electronics（共著　Springer）
超高速光スイッチング技術（共著　培風館）
量子の時代（共著　三田出版会）
物理学のすすめ（共著　筑摩書房）
物理の道しるべ（共著　サイエンス社）

放送大学教材　1760203-1-2411（テレビ）

新訂　物理の世界

発　行　　2024年3月20日　第1刷
著　者　　岸根順一郎・清水　明
発行所　　一般財団法人　放送大学教育振興会
〒105-0001　東京都港区虎ノ門1-14-1　郵政福祉琴平ビル
電話　03（3502）2750

市販用は放送大学教材と同じ内容です。定価はカバーに表示してあります。
落丁本・乱丁本はお取り替えいたします。

Printed in Japan　ISBN978-4-595-32489-5　C1342